Schürmann/Mullins

Die perfekte Bewerbungsmappe auf Englisch

Anschreiben, Lebenslauf und Bewerbungsformular

STARK

Die Autoren

Klaus Schürmann, Jahrgang 1966, ist Diplom-Kaufmann und hat selbst lange im englischsprachigen Ausland gearbeitet. Er war mehrere Jahre Inhaber von EuroXchange, einer internationalen Hamburger Arbeitsvermittlung, und arbeitet seit 1999 als Unternehmensberater.

Suzanne Mullins, Jahrgang 1966, Medienwissenschaftlerin, lebt seit 1986 in London. In ihrer langjährigen Tätigkeit für englische Arbeitsvermittlungsagenturen erstellte sie zahlreiche Bewerbungsunterlagen für deutschsprachige Arbeitsuchende im angloamerikanischen Sprachraum.

Die Autoren danken allen Bewerbern, die freundlicherweise ihre Unterlagen für diese Mappe zur Verfügung gestellt haben.

ISBN 978-3-86668-615-1

Inhalt

Perfekte Bewerbungsunterlagen auf Englisch

Zur Neuausgabe

Dies ist eine vollständig aktualisierte und erweiterte Neuauflage der perfekten Bewerbungsmappe auf Englisch. Bei der vorliegenden Überarbeitung liegt der Fokus darauf, den Berufsanfängern den Einstieg in die englische Arbeitswelt oder auch ein Studium im englischsprachigen Raum zu erleichtern. Wir haben daher dieser Ausgabe ein kommentiertes Beispiel für eine Bewerbung in ein englisches College via UCAS beigefügt und ein weiteres Bewerbungsbeispiel für ein Auslandspraktikum. In beiden Fällen wurde ein sogenanntes Personal Statement oder Letter of Motivation verlangt. Diese Art des Covering Letters wird im englischsprachigen Raum immer öfter verlangt. Daneben bieten wir nach wie vor Hilfestellung beim Networking oder dem effektiven Umgang mit dem Internet. So finden Sie neben den Kommentaren zu den einzelnen Unterlagen auch Adressen, die für die jeweiligen Berufsgruppen weitere wichtige Informationen bereitstellen, sowie spezielle Stellenbörsen für die ausgewählten Berufsfelder. Interessante Bewerbungsbeispiele aus unterschiedlichen Bereichen und konkrete Formulierungshilfen für den Covering Letter und Ihren Lebenslauf runden diese Ausgabe ab.

Zur Einführung

Sie haben sich zu einem weitreichenden Schritt entschlossen: ins Ausland zu gehen. Sie wollen ein Praktikum in Singapur, Hongkong oder Neu-Delhi machen? Karriere in den USA oder einen Doktor (PhD) in Großbritannien? Einfach eine Zeit lang im englischsprachigen Ausland leben? Da stehen Sie nun mit Ihrem Ziel und dürfen sich bewerben. Auf Englisch!

Darüber hinaus ist klar, dass bei zunehmender Konkurrenz auf dem Arbeitsmarkt nur ausgezeichnete und besonders beeindruckende Bewerbungsunterlagen Ihnen die Tür zu einem Vorstellungsgespräch und damit für den Traumjob öffnen werden. Möglich, dass Sie in einem Interview mit Ihrem persönlichen Auftreten so überzeugen können, dass es zu einer Einstellung kommt, aber in 99 Prozent aller Fälle gibt es ohne hervorragende Unterlagen kein Vorstellungsgespräch.

Um das Erstellen von optimalen Bewerbungsunterlagen geht es in diesem Ratgeber. Nach unseren Erfahrungen tauchen bei der eigenen Präsentation auf dem Papier und in Englisch schnell eine Unmenge von kleineren und größeren Problemen auf, die informativer, sprachlicher oder auch formaler Art sein können. Die Bewerbung auf Englisch, das werden Sie sehen, sieht etwas anders aus als im deutschsprachigen Raum.

Also, wie erstellen Sie Ihre optimale Bewerbung?

Anhand einer Auswahl von umfassend kommentierten Originalbewerbungen verdeutlichen wir in dieser Mappe den Aufbau von optimalen Bewerbungsunterlagen. Einige der vorliegenden Bewerbungen eignen sich auch als Vorlage, um sich daran zu orientieren und auf dieser Basis eigene und aussagekräftige Unterlagen zu erstellen. Die Vorlagen und Vorschläge werden aber auch Ihre Kreativität im Hinblick auf die Selbstdarstellung anregen. Im zweiten Teil des Buches gehen wir auf wichtige formale und inhaltliche Bestandteile englischer Bewerbungen ein. Hier finden Sie eine Vielzahl praktischer Tipps, wie Sie Ihre Bewerbung optimal vorbereiten und gestalten. Außerdem enthält der zweite Teil ausführliche Erklärungen und Erläuterungen zu den einzelnen Elementen einer Bewerbung und kann während des Lesens der Bewerbungskommentare zurVertiefung hinzugezogen werden. Auf dieser Basis werden Sie die perfekten Unterlagen erarbeiten.

Neben dem Verfassen erfolgreicher und gelungener Bewerbungsunterlagen kann vor allen Dingen die Suche nach geeigneten Stellen und Informationen über den ausländischen Arbeitsmarkt große Schwierigkeiten bereiten, und so finden Sie im Anhang dieses Buches verschiedene Adressen, die Ihnen die Suche erleichtern werden.

Ganz am Anfang schon zwei wichtige Tipps, um dem Scheitern des großen Vorhabens vorzubeugen: Bitte unterschätzen Sie den Faktor Zeit bei einem solchen Projekt nicht. In der Regel braucht man ein halbes Jahr von der anfänglichen Informationssuche bis zum unterschriebenen Arbeitsvertrag. Dann muss man gegebenenfalls noch einige Monate für die Beantragung eines Visums veranschlagen. Der gesamte Prozess kann sich in Einzelfällen aber auch dramatisch verkürzen. So kann es bei einer innereuropäischen Bewerbung sehr viel schneller gehen, da man hier keine Arbeits- und Aufenthaltsgenehmigungen benötigt.

Auch die Motivation ist nicht zu unterschätzen: Oft sinkt sie rapide nach dem ersten oder zweiten Fehlschlag. Geben Sie nicht auf! Lassen Sie sich z. B. durch eventuelle sprachliche Unsicherheiten nicht von Ihrem Projekt abbringen. Sprachprobleme sind, trotz gegenteiliger subjektiver Einschätzungen, nur sehr selten ein wirklicher Grund für eine Ablehnung. Falls man sich unsicher fühlt, hilft meist schon ein vorheriger Sprachaufenthalt. Eine andere Möglichkeit ist, sich auf eine niedrige Einstiegsposition zu bewerben.

Sehr hilfreich bei etwas wackeligen Englischkenntnissen ist die automatische englische Rechtschreibprüfung bei verschiedenen Textverarbeitungsprogrammen, z. B. MS-Word. Dabei kann man auch zwischen den Varianten des Englischen wählen. Auf diese Weise lässt sich sehr einfach ein Großteil (nicht alle!) der anfallenden Rechtschreibfehler vermeiden.

Übrigens ist unsere Zielsetzung ganz einfach: Wir möchten, dass Sie den Job bekommen, den Sie haben wollen. An dieser Stelle schon einmal viel Glück und Erfolg für Ihr großes Vorhaben!

UWE WILKES

Scharenhofer Strasse 9, 48167 Muenster, Germany, Tel: 0049 251 1234567, Email: Uwewilkes@hotmail.com

Ms Lucy Owen
Manager
Stoke House Project
Gresham Avenue
London NW1 8JK

20th January 2012

Dear Ms Owen,

At a recent seminar on drug rehabilitation in the social policy unit at Muenster University I met a colleague of yours, Angela Young. She told me about the Stoke House rehabilitation project you are involved in and mentioned that Stoke House use volunteers to work in the project from time to time. I am currently writing my dissertation for my degree in Social Work on 'Long-term drug abuse and rehabilitation' and would be very keen to work as a volunteer for the Stoke House Project to gain work experience in a field I am very interested in.

At present I work one night a week at a Helpline for drug users and have also worked for five months as part of the practical part of my course with a mobile needle exchange unit in Berlin. I feel this experience would be beneficial to working in the Stoke House Project, I also have excellent interpersonal skills and can diffuse difficult situations with volatile patients. In place of the compulsory German military service I chose to spend this time working in a psychiatric unit in a hospital doing "Zivildienst". Here I learnt patience, how to deal with occasionally violent patients and the effects of different types of antidepressants and other drugs used for the treatment of psychiatric patients. In my conversation with Ms Young she mentioned that there is a high incidence of depression amongst your client group and my experience in the hospital would be very useful for the Stoke House Project.

I will call you next week to see if we can discuss my application for work experience further.
I look forward to speaking to you.

Yours sincerely,

Uwe Wilkes

Enc.

CURRICULUM VITAE

PERSONAL DETAILS

Name: Uwe Wilkes
Date of birth: 2/3/86
Address: Scharenhofer Strasse 9
48167 Muenster
Germany
Telephone: 0049 251 1234567
Email: uwewilkes@hotmail.com
Nationality: German

EDUCATION

BA Social Work
Muenster University
September 2008 – August 2011
As an undergraduate I studied theoretical aspects of social work, psychology, sociology, social policy, ethics and law, in the graduate part of the course I specialised in youth and drug work.

A-levels (Abitur)
Klara Ganzhof Gymnasium
June 2007
Sociology B, German C, Physics C, English B

WORK EXPERIENCE

Drug Helpline, Muenster
June 2011 – present
Working one night a week taking phone calls from drug users, their relatives and other people wanting information, e. g. youth workers, teachers. Occasionally dealing with potentially suicidal callers and anxious or angry parents. Keeping up-to-date with services available for drug users and referring users to both short-term medical help and long-term rehabilitation projects. Advising on legal position and the law surrounding drug use. Using a Firstpoint Database to find appropriate services.

Mobile Needle Exchange, Berlin
September 2010 – December 2010 (Practical work experience as part of my university course)
Working with three permanent team members in a mobile unit that covers three sites throughout Berlin for two hours each. Handing out new needles for drug users and providing safe disposal of used needles. Giving advice on other drug services in Berlin and where possible making referrals by phone. Advising users on safe sex and aids-related illnesses as well as other diseases transferred through needle use. Liaising with managers at the local authority providing the service. Keeping a logbook of work and cases throughout the day to establish a relationship with individual users of the service.

Staedtische Kliniken, Muenster
August 2007 – April 2008 (Zivildienst = Replacement service instead of the compulsory military service)
Assisting nursing staff in all aspects of patient care on a busy psychiatric unit with both long-term, short-term and day-care patients. Helping staff with violent patients and diffusing difficult situations.

 ▸ Kommentar Seite 9

Zu den Unterlagen von Uwe Wilkes
Sozialarbeit/Praktikum in Großbritannien

Herr Wilkes leitet sein **Anschreiben** sehr gelungen mit dem auf dem Seminar geführten Gespräch ein. Die Ansprechpartnerin wird direkt mit dem Namen angesprochen, was im angloamerikanischen Raum ungleich wichtiger ist als bei uns. Hierzulande ist es immer noch weitverbreitet, Anschreiben mit „Sehr geehrte Damen und Herren" einzuleiten. Beginnt ein Brief im Englischen mit „Dear Sir or Madam", entsteht sofort der Eindruck, man hätte sich nicht die Mühe gemacht, den Namen des Ansprechpartners herauszufinden. Dies lässt auf eine geringe Motivation bei der Jobsuche schließen.

Ein Sondierungstelefonat hat im vorliegenden Fall nicht stattgefunden, das ist aber bei dieser Ausgangslage nicht weiter problematisch, da im Schlusssatz ein Telefonat angekündigt wird. In diesem Telefonat können alle offenen Punkte und Details der Bewerbung wie Länge des Praktikums, Aufgabenschwerpunkt, kulturelle Unterschiede, Sprachprobleme, Zuschuss für den Umzug (*relocation*) etc. besprochen werden. Schön ist auch die inhaltliche Einrahmung des Briefes mit der auf dem Seminar kennengelernten Ms Young.

Gelungen ist außerdem die Erklärung des Wunsches, ein unbezahltes Praktikum machen zu wollen. Die Terminologie für ein Praktikum ist im englischsprachigen Raum uneinheitlich: In Nordamerika wird ein Praktikum *internship position* oder *internship* genannt, in Großbritannien und Irland heißen Praktika *work placements* oder kurz *placements*. In Südafrika und Australien gibt es keine offizielle Bezeichnung für das deutsche Wort „Praktikum". Versuchen Sie es mit den Begriffen *internship*, *work placement*, *work experience* oder *occupational traineeship*. Kommt man so nicht weiter, gibt es Erklärungsbedarf. Vor allen Dingen sollte darauf hingewiesen werden, dass auf das Unternehmen nur geringe oder gar keine Kosten bei der temporären Beschäftigung zukommen. Trotz eines fehlenden Begriffs ist man aber generell Praktikanten gegenüber sehr aufgeschlossen. Herr Wilkes bewirbt sich als *volunteer*, dies ist eine gute Lösung für den sozialen Bereich. Der Begriff eignet sich aber beispielsweise nicht für ein Praktikum in einer Bank. Er kann jedoch herangezogen werden, um das Anliegen zu verdeutlichen, z. B.:

> "I am writing to ask about the possibility of working for your company on a voluntary basis. My aim is to gain practical work experience to complement my theoretical studies in ..."

Oder aber auch:

> "I am writing to ask about the possibility of an unpaid work placement within your company ..."

Ebenfalls gut ist die Einarbeitung der außerstudentischen Aktivitäten und des Zivildienstes. Die Beschreibung der Aufgaben (z. B. Umgang mit Depression), mit denen sich der Kandidat erfolgreich auseinandergesetzt hat, wirkt darüber hinaus sehr kompetent.

Formal ist das Anschreiben unterschiedlich zu bewerten. Es wurde ein eigener Briefkopf entworfen, die Anschrift und das Datum stehen am richtigen Platz. Die Verabschiedung ist formvollendet und erwähnt mit dem Kürzel *Enc. (enclosure)* auch den beigelegten CV. Allein die Sätze sind ein wenig zu lang geraten und so wirkt der Brief unübersichtlich. Besser: Arbeiten Sie mit kurzen und aussagekräftigen Sätzen. Als Richtlinie gilt: maximal 20 Wörter pro Satz. Auch sinnvoll eingesetzte Aufzählungszeichen haben sich bewährt.

Der Gesamtumfang des Anschreibens ist für eine Initiativbewerbung akzeptabel. Wenn Herr Wilkes sich hingegen auf eine Stellenanzeige beworben hätte, wäre das Anschreiben definitiv zu lang. Es fällt negativ auf, dass der Flattersatz zu weit nach rechts über den Briefkopf hinausgeht. Dies ist ein Formfehler.

Im **Lebenslauf** fällt auf, dass die Angaben zu den theoretischen Grundlagen des Studiums (unter *Education*) unzureichend sind. Es wird ein BA (*Bachelor of Arts*) als Abschluss genannt, ohne darauf hinzuweisen, dass der deutsche Abschluss ein Vordiplom ist. Da Herr Wilkes immer noch studiert und ein entsprechendes Praktikum sucht, um seine theoretischen Kenntnisse mit praktischen Erfahrungen zu bereichern, hätten der Inhalt des Studiums und seine Schwerpunkte stärker herausgearbeitet werden müssen. Mit einem veränderten Aufbau hätte der CV dann immer noch auf einer Seite Platz finden können.

Gut ist die Angabe „A-levels (Abitur)". Die Formulierung „Abitur equivalent to A-levels" wäre auch möglich.

Ausführlich beschreibt Herr Wilkes die Aufgaben, die er während seiner Zeit bei der Drug Helpline, Mobile Needle Exchange Unit und während seines Zivildienstes hatte. Der Text wirkt etwas langatmig. Besser könnte man die inhaltlich gelungene Kernaussage mithilfe von Aufzählungszeichen und Aktionsverben darstellen. Dies würde die Übersichtlichkeit erhöhen und der Leser muss weniger Text aufnehmen. Allerdings wirkt dann der CV sehr viel nüchterner und der Kandidat bekommt ein ganz anderes Image. Eine klarere Darstellung könnte beispielsweise so aussehen:

Drug Helpline Muenster from 2011 – present

› Operated the telephone hotline at night and on weekends
› Provided help for suicidal drug addicts or their relatives and friends
› Advised drug addicts about services offered by government agencies or charities and supplied information on legal matters

Sicherlich wären darüber hinaus ein paar Angaben zu Hobbys bei der Bewerbung um eine soziale Position angebracht. Die Freizeitbeschäftigung kann Rückschlüsse auf die in dieser Branche so wichtigen „weichen Faktoren" wie Teamgeist, Kommunikationsfähigkeit, Einfühlungs- oder Durchsetzungsvermögen ermöglichen und damit das Bild des Kandidaten abrunden. Weiterhin fehlen die Angaben konkreter Referenzen.

Einschätzung

Ein gutes Beispiel für eine Initiativbewerbung im sozialen Bereich. Der Kandidat hat reelle Chancen, die angestrebte Position zu bekommen. Mit ein wenig Aufwand kann die Bewerbung jedoch noch um einiges verbessert werden. Das Augenmerk muss der Übersichtlichkeit und Klarheit gelten. Mit einer in dieser Hinsicht verbesserten Bewerbung kann sich der Kandidat auch später erfolgreich am Arbeitsmarkt gegen Konkurrenten durchsetzen.

Internetadressen zu sozialen Berufen

- **Deutsche Gesellschaft für Internationale Zusammenarbeit (GIZ)**
  www.giz.de
  Gute Webseite mit vielen Infos, auch für geförderte Weiterbildung.

- **UN Volunteers**
  www.unv.org
  Internetseite der UN für Hilfe in Krisenregionen der Welt, in denen die UN aktiv ist.

- **Entwicklungsdienst**
  www.entwicklungsdienst.de
  Gute Webseite mit Links und Infos sowie eine recht anschauliche Jobdatenbank für Freiwillige und für Entwicklungsdienste.

- **Europäische Union**
  www.ec.europa.eu/stages
  Informationen zu Praktika bei EU-Behörden.

- **Sozialpädagogik**
  Deutscher Berufsverband für Soziale Arbeit e. V.
  Rungestr. 22 – 24, 10179 Berlin,
  Tel. 030 40054012
  www.dbsh.de
  Übersicht über verschiedene Jobportale.

- **Christliche Fachkräfte**
  www.gottes-liebe-weltweit.de
  Vermittlung von Pädagogen, aber auch Ärzten, Pflegepersonal, Handwerkern, Ingenieuren und freiwilligen Diensten.

- Des Weiteren findet man Informationen bei allen großen und international tätigen Hilfsorganisationen, z. B. Rotes Kreuz oder Brot für die Welt.

- Übrigens kann man auch ein Freiwilliges Soziales Jahr (FSJ) im Ausland machen oder einen Internationalen Jugendfreiwilligendienst absolvieren:
  www.pro-fsj.de
  www.internationaler-jugend-freiwilligendienst.de

Regina Davenport

Geranienstrasse 7 13249 Berlin
Germany Tel: +49 30 123456

January 30, 2012

The Training Manager
East-West Financial Services
1234 West Side
San Diego
CA 92126

Dear Sir / Madam:

I recently read on your website that your organization offers a six-month internship program. I am writing to enquire about a possible internship in your marketing department after my graduation in April 2012.

At present I am studying towards an MBA and detailed on my enclosed resume are the subjects I have covered during my degree. I am keen to specialize in marketing and my thesis dealt extensively with the subject of marketing on the internet for financial institutions. In addition to theoretical knowledge, I have gained hands-on experience through an internship with GIMA Euromarketing, a company specializing in marketing and PR for insurance and financial products. During my internship I was involved in the launch of several new domestic insurance products as well as evaluating consumer research and creating a brief for a website consultancy to sell the new products via the internet. This is now proving as successful as through traditional methods.

I am certain the knowledge and ideas I have gained through my research will be of value to your organization and I will call you next week on Wednesday to discuss any queries you may have concerning my application.

I look forward to our conversation.

Sincerely

Regina Davenport

Regina Davenport

Enclosure

Regina Davenport

Geranienstrasse 7 13249 Berlin
Germany Tel: +49 30 123456

Career Target: To obtain an internship within the marketing department of a large financial organisation to enhance my education and experience as a marketing professional

Education:

Oct 2006 to present Study of Business Administration **Berlin University, Germany**
Graduation date: ***April 2012*** as MBA
Grade (expected): A

Thesis: The Internet as a Marketing Opportunity for Financial Institutions
Grade: A

Sept 2008 to July 2009 New York University, USA (scholarship granted by the DAAD and the Education Abroad Program)
Grade: GPA 3.422

Feb 2008 Zwischenprüfung (Associate Degree) ***Grade: B***

Main subjects of study:

Marketing *Grade: not yet available*
Market Research, Marketing Strategies, Public Relations, Product, Price, Distribution, and Communication Policy

Managerial Economics and Organization *Grade: A*
Organizational Development, Personnel Management

Communication Studies *Grade: A*
Media Analysis

Business Calculation and Financing
Grade: B
Cost Accounting, Calculations of Investments, Business Strategies, Controlling

Economics *Grade: A*
Microeconomics, Macroeconomics, Foreign Trade

June 2005 High School Diploma ***Grade: B***
2000 to 2005 Hermann-Hesse-Gymnasium (High School), Hamburg, Germany

Work Experience:

Sep 2010 to Oct 2010 Internship (Marketing; Public Relations) GIMA Euromarketing, Berlin
July 2007 to Oct 2007 Internship (Managerial Assistance) Hamer GmbH, Berlin, Germany
Apr 2006 to Oct 2011 Temporary Promotions Assistant at various trade exhibitions
Oct 2005 to Mar 2006 Au pair, New York, USA

Languages: German: native speaker; English: fluent (written and spoken); Spanish: intermediate

Interests: Tennis, architecture, current affairs and classical music

Zu den Unterlagen von Regina Davenport
Marketing / Praktikum in den USA

Sind Ihnen die länderspezifischen Merkmale dieser Initiativbewerbung aufgefallen? Frau Davenport, die sich in die USA bewirbt, macht hinter „Dear Sir / Madam“ einen Doppelpunkt, außerdem verwendet sie die Schreibweise des amerikanischen Englisch, wie z. B. an dem „z“ in *organization* deutlich wird.

Der **Cover Letter** fällt mit einem gelungen Layout positiv auf. Es lohnt sich, einen eigenen Briefkopf zu entwerfen. Das Datum und auch die Adresse des angeschriebenen Unternehmens stehen am richtigen Platz. Unglücklicherweise beginnt die Bewerberin ihr Anschreiben mit der unpersönlichen Anrede „Dear Sir / Madam“. Wie schon im ersten Bewerbungsbeispiel hat auch hier kein Sondierungstelefonat stattgefunden. Anders als im ersten Fall wird jedoch in dem vorliegenden Anschreiben niemand direkt angesprochen.

Was macht es für einen Eindruck, wenn man auf der Homepage eines Unternehmens von einer freien Stelle liest und dann noch nicht einmal anruft, um zu fragen, ob diese schon besetzt ist? Oder sich nicht zu erkundigen, wer für die Bearbeitung der Bewerbung, wer für die Vergabe des Platzes / der Plätze zuständig ist? Welche einzelnen Schwerpunkte das Programm bietet? Gerade im angloamerikanischen Raum, in dem Menschen wesentlich aufgeschlossener aufeinander zugehen, wirkt eine solche Bewerbung unmotiviert. Hier kommt dem ersten persönlichen Kontakt eine tragende Rolle zu: Durch dieses Telefonat gelangt man an entscheidende Informationen und hinterlässt gleichzeitig einen positiven ersten Eindruck von sich. Insbesondere bei Initiativbewerbungen kommt dem Sondierungsgespräch eine Schlüsselfunktion zu. Nur hier kann erfragt werden, ob im Unternehmen freie Stellen existieren, Interesse an Praktikanten besteht und welche Qualifikationen gesucht werden.

Das Verschicken von reinen Blindbewerbungen, ohne sich nach einem Ansprechpartner erkundigt und ohne zuvor erste Informationen eingeholt zu haben, ist im gesamten angloamerikanischen Raum weniger üblich und die Erfolgsquoten sind miserabel. Die Telefonkosten, die ein solches Gespräch verursacht, sind heutzutage überschaubar geworden – alleine der innere Schweinehund muss überwunden und das Englisch vorher ein wenig entrostet werden.

Bei einer **Initiativbewerbung**, bei der ein erster Kontakt ohne Ansprechpartner hergestellt wird, kommt es darauf an, zu der entscheidenden Person durchgestellt zu werden. Oft haben die Personaler sehr wenig Zeit und die Sekretäre / Sekretärinnen sind angewiesen, unangemeldete Anrufer abzuwimmeln. Um also dennoch das gesteckte Ziel zu erreichen, sollte Ihr Auftritt möglichst charmant und geduldig sein. Die freundliche Verbrüderung mit einer Sekretärin ist oft die beste Art und Weise, einen Termin bei ihrem Vorgesetzten zu erhalten. Bei wiederholten Misserfolgen lassen Sie sich den Namen des Ansprechpartners buchstabieren und verschicken Sie dann die Unterlagen. Beim Nachfassen ergibt sich eine zweite Chance zum persönlichen Kontakt mit dem Entscheidungsträger. Ist die Verbindung dann zustande gekommen, sollte man zunächst klären, ob der Gesprächspartner zu einem kurzen Gespräch bereit ist, und dann schnell und präzise sein Anliegen vorbringen.

Der erste Ansprechpartner, um zu erfahren, ob man im Unternehmen ein Praktikum machen kann, ist fast immer der Leiter der gewünschten Abteilung. Falls nicht, wenden Sie sich an den *Personnel Manager* oder den *Human Resources Manager*.

Zurück zu der Bewerbung von Regina Davenport. Die Einleitung des Anschreibens stellt genau die Frage dar, mit der man in ein Sondierungstelefonat hätte einsteigen können. Die Selbstdarstellung im zweiten Absatz ist sehr gelungen. Frau Davenport schafft es in den wenigen Sätzen, Interesse an ihrer Person und den erlernten Fähigkeiten zu wecken. In der gelungenen Verabschiedung kündigt die Kandidatin ein Nachfassen der Bewerbung an. Der dabei zustande kommende persönliche Kontakt wird möglicherweise das fehlende Sondierungstelefonat ein wenig kompensieren. Ist die Stelle schon besetzt, war allerdings die ganze Arbeit „für die Katz“.

Bei neueren Abschlüssen im Rahmen der Bologna-Reform unproblematisch, gibt es immer noch Probleme beim Übersetzen von Diplom- oder Master-Studiengängen. Hier sollte es nicht zu Verwechslungen kommen. Der deutsche Abschluss Diplom-Kauffrau entspricht offiziell nicht dem eines MBA, sondern einem *Bachelor (Honours) in Business Administration*. Will man seinen Abschluss etwas aufwerten, dann sollte man immer kenntlich machen, dass er in etwa einem Master entspricht (*equivalent, comparable* oder *similar to a MBA*).

Der **Lebenslauf** von Regina Davenport ist vom Layout her gesehen sehr gut gelungen und übersichtlich. Die Angabe eines *Career Target* ist aufgrund der geringen Berufserfahrung sinnig, wenn auch ein wenig zu lang geraten (vgl. *Career Objective*). Auch wichtig: Man sollte sich bei der Formulierung des Berufswunsches nicht zu sehr in den Mittelpunkt stellen. Insgesamt liegt im Resume zu viel Gewicht auf der Ausbildung. Die Inhaltsangabe einzelner Fächer ist überflüssig, so auch die Benotung.

Wichtiger als die Benotung einzelner Fächer ist die Berufserfahrung. So könnte es z. B. sein, dass die Abschlussarbeit in Kooperation mit einem oder mehreren Unternehmen geschrieben wurde. Dies wäre für den potenziellen Arbeitgeber sehr interessant. Auch die Inhalte der Praktika sollten kurz angegeben werden (die Darstellung der Praktika ist im Anschreiben übrigens sehr viel besser gelungen als im Resume). Da Frau Davenport scheinbar nur über sehr wenig Berufserfahrung verfügt, könnten auch *Achievements* aus dem privaten Bereich angegeben werden, wie Auszeichnungen für besondere Leistung oder Mitgliedschaften, z. B. in einem Marketing-Club. Dies verdeutlicht unter anderem die Teamfähigkeit eines Kandidaten.

Frau Davenport macht keine Angaben zu *References*. Hier sollte z. B. der betreuende Professor der Abschlussarbeit angegeben werden und der Betreuer eines früheren Praktikums.

Einschätzung

Eine Bewerbung, die den Fokus zu sehr auf die Ausbildung setzt und durch mangelnde Angabe von Berufserfahrung eine Einladung zum Interview unwahrscheinlich macht. Positiv fällt trotz allem die Kombination von Abschlussarbeit und Wahlfächern im Studium auf, da sie ein klares Ziel erkennen lässt.

Internetadressen zu Auslandspraktika für Studenten

- Für alle Studenten ist der Deutsche Akademische Austauschdienst e. V. (DAAD) an der Universität der erste Ansprechpartner.
  DAAD Zentrale
  Kennedyallee 50, 53175 Bonn
  Tel. 0228 882-0
  Fax 0228 882-444
  www.daad.de

- **Für Wirtschaftswissenschaften**
  Die internationale Plattform zur Ausbildung der Führungspersönlichkeiten von morgen (AIESEC)
  Kasernenstr. 26, 53111 Bonn
  Tel. 0228 28980-0
  Fax 0228 28980-10
  www.aiesec.de

- **Für Ingenieur- und Naturwissenschaften**
  International Association of the Exchange of Students for Technical Experience (IASTE)
  Kontakt über den DAAD der eigenen Universität
  Deutsches Komitee der IAESTE im DAAD,
  Referat 514
  Kennedyallee 50, 53175 Bonn
  Tel. 0228 882-0
  Fax 0228 882-444
  www.iaeste.de

- Weitere Links im Internet per Schlagwortsuche mit „work placement“ oder „internship“ und dem gewünschten Land (z. B. mit Google). Aufpassen: Manchmal sollen Sie für die Vermittlung oder für Adressen bezahlen, das ist unseriös. Interessanter Anbieter ist z. B. die EU unter *www.ec.europa.eu/stages*.

Rebecka Schmidt

Steinstrasse 2, 12345 Dortmund, Tel: +4912312312345, E-Mail: RebeckaS@gmail.com

Stratos Consulting PTY Ltd
Sawuschkina ul. 119-A
Saint Petersburg 181014
Russian Federation

Wiesbaden, 12.10.2012

Letter of Motivation

Through my work I have learned how crucial it is for a business to have a strategy and plan ahead for future developments in the market in which the company operates. I have seen first-hand how effective consultancy work can help a company achieve this goal. I found this work so fascinating that I have decided to start working as a strategic consultant after finishing my studies. The following explains my motivation in more detail:

- I get a great deal of satisfaction from seeing the results of successful interactions with people developing new strategies or solutions for their particular needs. To achieve this a consultant needs well-developed soft skills and I gained some experience of these during my role as Vice President at the Student Cultural Exchange Committee in Wiesbaden.
- The conflict between short-term profit and long-term strategy is often quite challenging, and I am interested in how best to balance the focus on the company's profitability and an ethically responsible and sustainable way of doing business.
- Strategic consulting is of particular concern to me because of its multi-faceted nature, and the need to consider macroeconomic, political, environmental, infrastructural and legal variables.
- The fact that Stratos is not only working on strategies, but also on their implementation, attracts me even more to your organisation, as I am keen to see the strategic work being put into practice.
- Finally I would like to mention my Russian roots: Moscow is my hometown. I am very eager to learn the means by which international companies enter the Russian market, and the options and challenges inherent in this business decision.

What I bring from my past experiences

Through my previous internships and work experiences I am thoroughly computer-literate, have gained good analytical skills, and I am a fast learner. Whilst working in a financial controlling department I learned a lot about Excel and deepened my knowledge about financial accounting and cost calculation. At Luna I learned how to research Internet-based information and to present it at company board level. While working as a team assistant I learned how to manage stressful situations and deal with time pressures.

When I was Vice President of the Student Cultural Exchange Committee in Wiesbaden, I was in charge of matching interns to available positions and all the associated administration work. From this I gained some very valuable insights into the needs of different companies. Also through this role I participated in various seminars for politicians and business professionals that broadened my horizons significantly, for example the presentation of a case study on the strategic development of a global telecommunications company with regard to the acquisition of mobile phone licences.

I am a team player with excellent up-to-date knowledge of German businesses. I am very keen to learn about the intricacies and the methods you use to develop different successful strategies. Being part of Stratos as an intern I would be very happy to contribute to the success of your company in the most effective way.

I look forward to hearing from you very soon. In the meantime you can contact me at any time.

Yours faithfully

Rebecka Schmidt

Rebecka Schmidt

Enc.

Curriculum Vitae

Personal Details

Name	Rebecka Schmidt
Address	Steinstrasse 2, 12345 Wiesbaden
Telephone	+4912312312345
Email	RebeckaS@gmail.com
Date of birth	23 February 1989
Place of birth	Moscow, Russian Federation
Citizenship	German and Russian

Education

Oct 2008 – present

Business Administration and Business Law
Lessing University, Wiesbaden, Germany
Thesis on growth finance of small and medium-sized enterprises
(Graduation in July 2012 as Bachelor of Arts)

Sept 2010 – April 2011

International Business Communication (IBC)
Leicester University, Leicester, United Kingdom
Thesis on attracting FDI into Russian industry
(Graduation in June 2011 as B. A. (Hons) in IBC)

June 2008

Abitur ('A' Levels)
Schiller Gymnasium, Freiburg, Germany

Work Experience

Oct 2011 – present
May 2010 – Sept 2010

Research Assistant at the Institute of Banking, Finance and Accounting
Lessing University, Wiesbaden, Germany
- assisting in the organisation of an annual banking event
- assisting in course preparation and reseach
- private tutoring of a student in finance and investment

Jun 2011 – Aug 2011

Research project on online applications
Luna Personaldienst – Personnel Advisory and Acquisition Consultancy, Wiesbaden
- conducting a survey on employment application behaviour
- online research on e-recruitment software and its functions
- presenting a report on the findings

Feb 2010 – Mar 2010

Internship: Managerial Accounting Department
Container Terminal and Logistics Group, Wiesbaden
- calculating the cost of van carrier and container crane working hours
- analysing storage periods of containers
- assisting with the monthly meetings of the various divisions within the group

 ▸ Kommentar Seite 18

Volunteer Activities

April 2012 — **World Student United Nations 2012**
- representing Germany in the Organisation for Security and Cooperation in Europe
- raising funds for preparation activities

Nov 2010 – present — **Teaching Germany, Campus Captain**
- representing the organisation at the University
- recruiting of potential participants for the programme
- organising information events

May 2011 – Oct 2011 — **"Fit fuer die Bewerbung"**
- organising a one day job application training event for pupils
- preparing and conducting a session on job search

Feb 2010 – May 2010 — **Red Cross blood donation campaign at Lessing University, Wiesbaden**
- leading the fund raising team
- dealing for personnel acquisiton
- resonsible for the scheduling of the event

May 2009 – May 2010 — **Member of the Library Commission, Lessing University, Wiesbaden**
- taking part in the decisions on book acquisitions
- attending meetings with the budgeting committee

Nov 2008 – Nov 2009 — **Vice President of the Student Cultural Exchange Committee in Wiesbaden**
- strategic planning of local committee events in Wiesbaden
- leading the team of incoming exchange students
- matching foreign students with internships in companies in Wiesbaden
- dealing with queries and problems of foreign students during internships in Wiesbaden

Aug 2007 – June 2008 — **Member of the Pupils' Council**

Regional delegate for the National Pupils' Council
Pupils' representative in the External Evaluation Commission

Scholarships

Nov 2009 – present — **Foundation of German Business**

Sept 2010 – April 2011 — **Erasmus support**

Skills and Competencies

Language skills — **German** (native), **English** (fluent), **Russian** (fluent), **Spanish** (B2 / C1), **French** (A1), **Latin** (proficiency certificate)

IT-skills — MS-Office, Lotus Notes, SPSS Author, Photoshop, Citavi Pro

Zu den Unterlagen von Rebecka Schmidt
Praktikumsbewerbung für den Bereich Wirtschaft/Beratung in Russland, *Letter of Motivation*

Frau Schmidt bewirbt sich mit ihren Unterlagen um ein Auslandspraktikum für den Bereich Wirtschaft/Beratung. Verlangt wurde ein sogenannter **Letter of Motivation**, um zu schauen, was den sich bewerbenden Kandidaten antreibt.

In der heutigen Zeit verbreitet es sich immer mehr, dass Unternehmen, die Berufsanfänger einstellen oder zeitlich befristet Praktikanten beschäftigen, einen Letter of Motivation verlangen. Ein Letter of Motivation ist ein Brief, in dem ein Kandidat beschreiben soll, was ihn motiviert und antreibt. Im Prinzip ist er nicht anders als ein Cover Letter mit der Aufforderung, die eigene Situation/Beweggründe detaillierter zu beschreiben. Problematisch ist die Ausformulierung, es wird ein kleiner, einseitiger Aufsatz über sich selbst verlangt.

Wie man einen Letter of Motivation aufbaut und auch weitere und detaillierte Hilfen zur Formulierung finden Sie ab S. 26 bei der UCAS-Bewerbung von Herrn Potthoff. Für den universitären Bereich sind diese Selbstbeschreibungen mittlerweile ebenfalls übliche Praxis geworden.

Nun zu der vorliegenden Bewerbung von Frau Schmidt, die aus zwei Teilen aufgebaut ist:

- dem Letter of Motivation und
- dem Lebenslauf.

Zum Letter of Motivation

Die Formalien wurden fast alle eingehalten: Ein kleiner eigener Briefkopf wurde entworfen, der Adressat ist angegeben, ebenso das Datum. Der Brief trägt die Überschrift Letter of Motivation, womit das Anschreiben klar einzuordnen ist. Frau Schmidt verabschiedet sich mit dem Gruß „Yours faithfully", weil Sie ja in dem Brief keine bestimmte Person angesprochen hat. Hier stimmt das Anschreiben nicht mit der genannten hohen Motivation überein. Es scheint, es wurde kein Sondierungstelefont geführt, und daher konnte auch der Ansprechpartner nicht direkt adressiert werden. Dies fällt auf, und zwar nicht positiv. Schöner wäre es, die Überschrift zwar beizubehalten, aber im ersten Satz den Ansprechpartner direkt zu begrüßen. In etwa so:

Stratos Consulting PTY Ltd
Sawuschkina ul. 119-A
Saint Petersburg 181014
Russian Federation Wiesbaden, 12.10.2012

LETTER OF MOTIVATION

Dear Mr. Puschkin,

Through my work I have learned …

Die Herleitung des Praktikumswunsches im Bereich strategische Unternehmensberatung ist sehr gelungen, wenn auch sehr ich-zentriert, und es wird im ersten Absatz wenig auf die eventuellen Bedürfnisse/Anforderungen des Unternehmens eingegangen. Daher freut uns der zweite Absatz, in dem Frau Schmidt beschreibt, was sie aus den schon vorhandenen Berufserfahrungen in Bezug auf das geplante Praktikum mitbringt. Eine solche Zweiteilung des Letter of Motivation ist möglich, aber nicht unbedingt notwendig – schöner ist es, ohne eine zweite Überschrift auszukommen und die eigene Motivation, aber auch die Fähigkeiten oder Erfahrungen in einem logischen Gesamtkonzept herzuleiten – dann liest sich der Brief besser. Ein sehr gelungenes Beispiel eines Anschreibens (Letter of Motivation oder Personal Statement) aus einem Guss finden Sie bei der UCAS-Bewerbung von Herrn Potthoff auf S. 26.

Im vorliegenden Schreiben entsteht durch die zweite Überschrift ein Bruch. Auf der anderen Seite geht Frau Schmidt aber im zweiten Teil sehr anschaulich darauf ein, wie ein Unternehmen von ihren bisherigen Erfahrungen profitieren kann.

Insgesamt ist bei Frau Schmidt eine klare Struktur in der Zweiteilung des Letter of Motivation erkennbar und der Leser wird von ihr, was die Motivation betrifft, mitgenommen.

Zum Lebenslauf

Der Lebenslauf ist chronologisch klassisch aufgebaut mit den Überschriften *Education, Work Experience, Volunteer Activities* und *Scholarships*. Die Überschriften *Volunteer Activities* und *Scholarships* können bestimmt nicht alle Bewerber verwenden, machen aber hier sehr viel Sinn und einen sehr guten Eindruck. Auf der einen Seite zeigt Frau Schmidt ihr überdurchschnittliches gesellschaftliches Engagement, auf der anderen Seite zeigt sie auch, wie sie von der Gesellschaft mit Unterstützung honoriert wird – gelungen! Was hier noch fehlt, ist, kurz die Art der Unterstützung anzugeben, also was hinter dem Foundation of German Business und Erasmus Support steht.

Ein wenig problematisch ist die Klassifizierung der Sprachkenntnisse. Nicht alle Personaler wissen um die angegebenen Klassifizierungen. Besser sind sprechende Aussagen zu Sprach- oder Softwarekenntnissen wie „proficiency certificate" oder „fluent".

Einschätzung

Der Letter of Motivation ist überzeugend, der Lebenslauf ist sehr gelungen. Die Erfolgsaussichten sind aus unserer Sicht recht gut.

Internetadressen zum Thema Praktikum im Ausland

Bundesagentur für Arbeit – Zentrale Auslands- und Fachvermittlung (ZAV)

- *www.ba-auslandsvermittlung.de*

Unter „Praktikanten und Jobsucher" finden Sie Praktikumsmöglichkeiten im Ausland und Infos rund um das Thema.

ABC College of Art

Application Form 2012/2013

for postgraduate courses

Please complete in handwriting and return form to the Assistant Registrar

Please tick relevant boxes ✓

Address for correspondence

Flat A
12 Agar Grove
London N1 5TY

Telephone no.

0207 123 4567

Home address if different to address for correspondence

Telephone no.

Date of birth	Age next 1st September
16/02/86	26

Place of birth

Iserlohn, Germany

Present nationality

German

Date of entry to UK

01/01/2012

Schools attended between 11 and 18	from	to
Gymnasium Stadtgarten Hannover, Germany (Grammar School)	09/1997	07/2006

GCE 'O' Level, CSE, or GCSE or equivalent school examination

Subject	Grade	Year
n/a		

GCE 'A', AS Level or GNVQs or equivalent school examination

Subject	Grade	Year
German Abitur (A-Levels)		06
English	B	
Art	A	
Politics	C	
Biology	C	

Surname or family name Mr/Mrs/Miss/Ms

Reuter

First names

Hanna

Maiden or former surname

☑ Single ☐ Married Number of Children ____

Degree

The Degree of MA is awarded following successful completion of taught courses, MPhil and PhD following successful completion of a programme of research

☑ MA ☐ MPhil ☐ PhD

☑ Full-time ☐ Part-time

Course you wish to join

MA Photography

University, polytechnic or college attended	from	to	Full or part-time
University of Hannover	2007	2011	Full-time

Degree, diploma or certificate gained

	Subject	grade	year
BA	Photographic Arts (Zwischenprüfung)	1.3	2011
MA			
Diploma			
Certificate			

Degree/diploma thesis or dissertation title

The defragmentation of the body in contemporary photography

Title of exam to be taken this year

Grant or scholarship (UK students only)

If you had a grant or scholarship for your previous course please give the name of the awarding authority

► Kommentar Seite 24

ABC College of Art

Any employment or post-degree experience	from to	Experience relevant to application (including any publications)	from to
Placement at 'Avant-Garde' magazine, London	03/2010	Exhibitions	
Stills photographer on promotional video-shoot for German pop band 'Rapunzel'	06/2010	Group exhibition, The Old Church, Herrgarten, Hannover	05/2011 - 06/2011
In-house photographer for the Casino 'Am Waldrand' in Berlin at sporting, social events and club-nights	01/2010 - 12/2010	Competition and group exhibition 'Positive Lives' organised by the German Health Trust Winner of runner-up prize	12/2010
Assistant teacher of weekly photography classes as optional subject at Gymnasium Stadtgarten, Hannover	09/2007 - 07/2009	Solo exhibition: 'scars of a century' at the Ebony Gallery, Butler's Wharf, London	01/2010 - 02/2010
		Solo exhibition 'Seeing happiness' at Vie Art Gallery, Berlin	07/2009

This space is for candidates to describe their intended work programme at ABC College of Arts

Candidates for taught Master's courses should briefly describe below why they have chosen a particular course and what they propose to gain from their studies.

Candidates for the research degrees of MPhil by project or by thesis and PhD should also complete the Research Degree Proposal Form. Research degrees may be awarded for studio work with written contextual support, or for written theses. Candidates should indicate the intended method of carrying out their research.

I have chosen the MA Photography at ABC College of Art as I believe it is the postgraduate Master in photography that will enable me best to further the exploration of my on-going work.

On previous visits to the ABC College of Art I have gained insight into the possibilities within the different faculties, such as experimenting with various media and processes, including print-making and video.

I am also looking forward to the stimulating debate and criticism that this environment will provide.

(continue on back page if more space required)

Continuation sheet

The main focus of my photography is the human form in its various guises including Eve, Venus, Cinderella and Wonderwoman (work in progress). I wanted to create a progression, both in time and also from nudity to clothed.
The series examines attitudes towards the female body, from both the viewpoint of society and the models. I wanted the models to feel free to express their given character in any way they felt comfortable. Also I wanted to produce pictures of modern independent women from different backgrounds; women who are confident about their own sexuality. Even though the models are seen in different stages of undress, the images appear strangely de-sexed. The simple lighting and familiar surroundings attach a certain ordinariness to the portraits which counteracts any sexual implications. The models chose their own poses and as a result their own individual personalities shine through. The models are brought into a 'set' and asked to interact with particular clothes or props relevant to the portrayal of a specific character.

The exploration of attitudes towards female sexuality and also portraiture of 'ordinary' people in their own familiar and defining surroundings are themes that I would very much like to develop over the next year and I feel that ABC College could offer me an excellent support system with which I could realise my work.

 ▸ Kommentar Seite 24

ABC College of Art

Please read this section very carefully before completion

Financial support
If you are offered a place, please indicate how you intend to support yourself.

A. Fees ☑ Bursary* ☐ Private funding ☐ Other (please state)

A. Maintenance ☐ Bursary* ☑ Private funding ☐ Other (please state)

*English and Welsh Master's degree students may be eligible for a DfEE Bursary towards the cost of fees and maintenance at the college. Scottish, Northern Ireland and Channel Island students may be eligible for bursaries operated by their own education authorities. European Union students may be eligible to have their fees paid but are not eligible for UK maintenance grants. NB: It will not be possible to offer all eligible students bursaries.

Overseas students are expected to make financial arrangements for sponsorship or grants in their home countries. They are advised to contact their British Council office or their own government authorities for information on scholarships that might be available.

Previous application
If you have previously applied for entry to the ABC, please give the year and course.

How did you hear of the course?

Prospectus ☐
Web site ☐
Press ☑
Word of mouth ☐

Have you read the current prospectus? Yes ☑ No ☐

To which other colleges have you applied? None

Please complete if English is not your first language.
How good is your command of the English language?

A. Written ☑ Fluent ☐ Adequate ☐ Need help

B. Spoken ☐ Fluent ☑ Adequate ☐ Need help

Level of courses already taken: BA Photographic Arts

I enclose a cheque ☑ **money order** ☐ **for £ 30.00**
made payable to ABC College of Art.
Payment must be made in sterling and is not returnable.
Please write your cheque card number on the back of your cheque.
For applicants wishing to pay the application fee by bank transfer, the details are: A Bank PLC, 134 Runnymede Road, Brighton BN4 5RT
Account number 1234566, Code number 678945

☑ **Where applicable I will collect my portfolio.**

☐ **Where applicable I would like my portfolio to be sent to me.**

For students who have studied in the UK before:
HESA or SCOTVEC number (if known)

Do you have a disability?

☐ Yes
☑ No

If you have a disability, either physical or learning, please state, on a separate sheet of paper, the nature of the disability and any special facilities that you would wish the college to provide.

We are required for statistical purposes to collect information on ethnic origin. Please tick the appropriate box.

White ☑
Black Caribbean ☐
Black African ☐
Black other ☐
Indian ☐
Pakistani ☐
Bangladeshi ☐
Chinese ☐
Asian other ☐
Other ☐

Photograph of applicant

I certify the information I have written on this form is correct

Hanna Reuter

Signature of applicant

15 / 01 / 12

Date

Zu den Unterlagen von Hanna Reuter
Fotografie / College in Großbritannien, *Application Form*

Im vorliegenden Beispiel handelt es sich um ein typisches **Bewerbungsformular**, *Application Form*, für eine Aufnahme in ein englisches oder amerikanisches College. Im angloamerikanischen Raum ist es den Colleges / Universitäten vorbehalten, nach eigenen Aufnahmekriterien die freien Plätze mit Studenten zu füllen. (In Großbritannien ist dies nicht mehr ganz richtig, weil sich hier seit einigen Jahren Studienanfänger zentral über UCAS bewerben müssen. Erst bei Bewerbungen für einen Master Degree wendet man sich wieder direkt an die Institution seiner Wahl. Weitere Informationen finden Sie hierzu bei der Bewerbung von Herrn Potthoff auf S. 27.) Gibt es mehr Kandidaten als freie Plätze, muss man sich auch bei der Bewerbung um einen Collegeplatz gegen die Konkurrenz durchsetzen. Es gibt die unterschiedlichsten Bewerbungsformulare, die aber dem hier dargestellten inhaltlich ähnlich sind.

Dem Formular beigelegt findet man auch manchmal eine mehr oder weniger detaillierte Anweisung zum Ausfüllen von codierten Antworten. Formale Tipps zum Bearbeiten eines Bewerbungsformulars finden sich auch im Kommentar zu dem Bewerbungsformular des Design-Managers Frederik Goldmann (Bewerbungsbeispiel ab S. 83).

Das vorliegende Formular ist vier Seiten lang und grob in sechs Sektionen aufgeteilt:

Personal Details
Hier sind alle persönlichen Daten in der gewünschten Form anzugeben.

Degree
Es ist anzugeben, welcher Abschluss angestrebt wird und ob man Vollzeit oder Teilzeit studieren möchte. Weiterhin werden Angaben über die persönlichen Voraussetzungen für den Kurs verlangt. Diese sind mit dem gewünschten College, dem DAAD (Deutscher Akademischer Austauschdienst), der jeweiligen Universität oder aber Institutionen wie dem British Council abzuklären.

Employment / Post-Degree Experience und Experience Relevant to Application
Mit dem Vordiplom, das dem englischen Abschluss Bachelor (im vorliegenden Fall ein *Bachelor of Arts* oder kurz BA) gleicht, hat man seinen ersten akademischen Grad (*Degree*) erworben und ist somit ein *Graduate.* (Im Zuge der Bologna-Reform sind im Hochschulwesen einheitliche europäische Abschlüsse auf der Basis von Bachelor- und Masterdegree umgesetzt worden. Eine Übersetzungsproblematik entfällt. Hat man aber noch einen älteren Abschluss, also z. B. ein Diplom oder einen Magister gemacht, dann stellt sich die Frage der Übersetzung ins Englische.) Folglich sollen hier alle relevanten Erfahrungen aufgezählt werden, die nach der Zwischenprüfung gemacht wurden und für das Studium von Vorteil sein könnten. Denkbar wären hier Ausstellungen, Publikationen, Auftritte, Interviews, Mitarbeit, Projekte, ehrenamtliche Tätigkeiten, Mitgliedschaften etc. Hanna Reuter hat ihre Erfahrung auf unterschiedlichen Ebenen dargestellt. Sie hat neben einem Praktikum und sozialem Engagement als Lehrkraft auch freiberufliche Tätigkeiten sowie Ausstellungen aufgelistet. Ein rundes Portfolio!

Intended Work Program at the College
In diesem wichtigen Abschnitt wird die Motivation des Kandidaten unter die Lupe genommen und darüber hinaus geschaut, inwieweit die Ziele des Kandidaten mit den Möglichkeiten der Institution übereinstimmen. Füllt man diesen Part aus, ohne sich über die konkreten Angebote des Colleges / der Universität zu informieren, hat man seine Hausaufgaben nicht gemacht. Es ist ungemein wichtig, sich bei den infrage kommenden Institutionen nach den Angeboten zu erkundigen, da diese stark variieren können. So kann z. B. im angloamerikanischen Raum ein College, das über einen Studiengang mit der Abschlussbezeichnung *MA in Photographic Arts* verfügt, ganz andere Kurse und Schwerpunkte anbieten als eine andere Institution mit derselben Studiengangsbezeichnung.

Frau Reuters Ausführungen fangen mit einer sehr allgemeinen Einleitung an (diese kann Ihnen als Vorlage dienen). Etwas glücklicher wäre es, auf den speziellen Ruf oder die Angebote des Colleges gleich im ersten Satz einzugehen. Nur eine kleine Umstellung des Satzes verdeutlicht, worum es geht:

> "I have chosen the MA Photography at ABC College of Art as I believe it is the postgraduate Master at your college that will enable ..."

Nach den Angeboten des Colleges hat sich Frau Reuter sogar persönlich vor Ort erkundigt. Da sie jedoch nur sehr allgemeine Aussagen über das College macht, besteht die Gefahr, dass der Leser der Bewerbung sich fragt, ob sich die Kandidatin wirklich erkundigt hat oder einfach nur eine Floskel gebraucht. Geschickter wäre es sicherlich, die in Gesprächen mit den Lehrkräften gewonnenen Informationen über Inhalte und Möglichkeiten der Kurse konkret in die schriftliche Bewerbung einzubeziehen. In ihrem letzten Satz bezüglich der Gründe, warum sie sich am ABC College einschreiben möchte, geht Frau Reuter noch geschickt auf die fruchtbaren Diskussionen ein, die sie an einem solchen Ort erwarten kann. Unglücklich ist nur, dass dieser Satz ohne Übergang an den restlichen Text angehängt ist. Sie hätte besser keinen Absatz gelassen. In den darauf folgenden beiden Abschnitten erzählt Frau Reuter sehr überzeugend von ihrer Arbeit und lässt dadurch großes Interesse und Engagement erkennen. Auch der Schlusssatz mit dem Bezug zum ausgewählten College hat uns sehr gut gefallen.

Financial Support
Dieser Abschnitt ist sehr wichtig. Lesen Sie ihn sorgfältig durch, bevor Sie ihn ausfüllen. Ausländische Studenten müssen sich in ihrem Heimatland um die Finanzierung kümmern. Erkundigen Sie sich bei Ihrer Universität oder dem DAAD. Bei einer unklaren Finanzierung wird man Sie nur sehr selten aufnehmen.

Statistics
Im letzten Abschnitt sind noch statistische Angaben vorzunehmen. Die Institutionen sind angehalten, eine festgelegte Anzahl von Plätzen an Menschen mit Behinderungen oder an Menschen mit bestimmtem ethnischen Hintergrund zu vergeben. Schließlich ist in diesem Fall noch ein Foto anzuheften, was ein recht ungewöhnliches Anliegen für den angloamerikanischen Raum ist. Manche Hochschule möchte durch eine persönliche Identifikation in einer sonst so anonymen Umgebung verhindern, dass bei dem anschließenden Interview geschummelt wird und zu diesem Termin ein anderer Bewerber erscheint.

Internetadressen für Studienplatzsuchende

Studieren Sie schon in Deutschland, dann ist Ihr erster Ansprechpartner der DAAD Ihrer Universität. Er kennt die Studienmöglichkeiten einer eventuellen Partnerinstitution und auch die Fördermöglichkeiten.

Eigene Informationsquellen zu den einzelnen Ländern finden Sie hier:

Großbritannien und Irland
Für alle Fragen der Fort- und Weiterbildung in Großbritannien ist der British Council der beste Ansprechpartner. Auf der Homepage findet sich eine Vielzahl von Informationen und die Angebote der einzelnen Colleges / Universitäten.

- British Council
  Alexanderplatz 1, 10178 Berlin
  Tel. 030 31109910
  Mail: info@britishcouncil.de
  www.britishcouncil.de
  (Der British Council hat auch Außenstellen in Düsseldorf, Leipzig und München.)

- Irish Council
  www.icosirl.ie

USA, Kanada, Australien und Neuseeland
Sehr gute und detaillierte Informationsquellen zum Thema Studium bieten die Internetauftritte der Botschaften der jeweiligen Länder.

- *www.germany.usembassy.gov*
- *www.canadainternational.gc.ca/germany-allemagne*
- *www.australian-embassy.de*
- *www.nzembassy.com*

Personal Statement

Ever since I can remember, I have been fascinated with the human body. It makes me wonder about the divine architect of such a remarkable machine with so many different self-regulating systems, all working so perfectly together. We are still making so many new discoveries about it, and how its component parts are designed and interact with each other. We discovered the genome and assumed that we had unlocked the code to the genetic structure of humans, but it immediately made the picture much more complex. This is what makes the human body so fascinating. The other passion I developed from a young age, according to my mother, is to help and support other people. Helping others makes me happy, and every day I strive to make this come true. I soon realised that I wanted to become a doctor so that I could combine these two passions. Since realising this, I have worked hard to follow my chosen career path. In the summer holiday of my final year at school, I worked as an intern in the radiology department of St. Rochus Hospital in Castrop Rauxel. I also worked as a hospital aide (Zivildienstleistender) in almost all the departments of the same hospital during my year of mandatory civil service in Germany. The work involved wheeling beds, feeding, cleaning, dressing patients, and talking to and caring for them to keep their spirits up. Last year I obtained a First Aid Certificate (including cardiopulmonary resuscitation). During the last year I spoke to various doctors, who basically told me a similar story: although medicine is a tough career, it can be enormously rewarding in a way no other profession can be. I can think of nothing more satisfying than helping a patient recover from illness or injury. Thus my hospital work experience has made me even more determined to become a doctor. I believe my commitment to, and aspiration for a medical career are also reflected in my choice of A-level exam subjects – biology, chemistry, art, and English. My grades are proof that I have good time management skills, am self-motivated to study, and cope well with stress and pressure. The years of study and self-discipline have given me the confidence that I will successfully complete my medical degree. Studying biology and chemistry helped me develop my analytical ability, while art equipped me with visual-spatial perception and tactile skills. In the course of my studies I became fully computer-literate and familiar with a wide range of software. I chose to focus on English at high school, because I want to work as a doctor not only in Germany, but in places where I am most needed. I decided to apply to your institute, because you have an enviable reputation for state-of-the-art teaching, such as incorporating the latest research results into the courses. To relax I mainly dance, go sailing, and jog every week. Sailing taught me the importance of being a good team player, and also improved my leadership skills, since I was the skipper on three trips with 10 beginners sailing the Baltic Sea. As you can see I am a self-motivated and determined individual, and am very excited about both the academic and social challenges of university. I am keenly aware of the heavy demands of a medical career, but my commitment and desire to become a doctor have only been strengthened through my experiences in the past few years.

Zu den Unterlagen von Dominik Potthoff
UCAS-Bewerbung für ein medizinisches Studium in Großbritannien, *Personal Statement*

Im vorliegenden Fall handelt es sich um eine Bewerbung als Studienanfänger (Undergraduate Studies, also ein Bachelor Degree) an einer englischen Universität für den Bereich Medizin. In England werden zurzeit alle diese Studienplätze über eine zentrale Instanz vergeben (Universities and Colleges Admissions Service = UCAS), ähnlich hochschulstart.de in Deutschland. Im Bereich Postgraduate Studies (Master Degree und PhD) bewirbt man sich dann wieder direkt bei der Universität / dem College der Wahl. Eine UCAS-Bewerbung besteht aus den folgenden Blöcken:

- *Personal Details*
- *Choices / Subject*
- *Education*
- *Employment*
- *Statement / Personal Statement*
- *References*

Daneben ist es auch wichtig, die Fristen zu beachten und die Finanzen nicht aus dem Auge zu verlieren (wenn man studieren möchte, ohne durch ein von der EU gefördertes Programm unterstützt zu werden, wird es schnell sehr teuer). Die Bewerbungsfristen sind Oktober, Januar oder März, je nach Studiengang. Bitte auf der UCAS-Seite Genaueres herausfinden:

- *www.ucas.com*

Auf dieser Internetseite bekommen Sie auch Hilfe beim Ausfüllen der Bewerbung.

Weitere Hilfe bei dem nicht sehr einfachen Ausfüllen einer UCAS-Bewerbung bietet das Buch *The UCAS Guide to getting into University and College*, zu bestellen unter:

- *www.ucasbooks.co.uk/*

Speziell für Mediziner gibt es noch das Buch *Get into Medical School – Write the perfect Personal Statement*, zu bestellen unter:

- *www.ucasbooks.co.uk/acatalog/Admissions_tests.html*

Zusätzlich können Sie auch die sehr unterstützenden Mitarbeiter des British Councils in Berlin, Düsseldorf, Leipzig und München bemühen. Die Adressen finden Sie auf S. 25.

Übrigens: Beim Britisch Council bekommt man auch Hilfe bei der Wahl des richtigen Kurses oder des passenden Colleges – das ist eine eigene „Wissenschaft" für sich und soll hier nicht weiter erläutert werden.

Alle Bewerbungen für UCAS sind online auszufüllen. Der schwierigste Bereich ist sicherlich das Statement / Personal Statement. Die anderen Bereiche können vom Bewerber, zumindest in sprachlicher Hinsicht, leichter ausgefüllt werden. Deutsche Abschlüsse sind bei UCAS bekannt und können aus einer Drop-down-Liste ausgewählt werden. Ansonsten befindet sich ab S. 134 auch eine kleine Anleitung, wie die deutschen Abschlüsse zu bewerten sind.

Zunächst gehen wir generell darauf ein, was bei der Erstellung von einem Statement / Personal Statement zu beachten ist:

Ein **Statement / Personal Statement** oder auch **Letter of Motivation** oder **Statement of Purpose** (SoP) genannt, wird in der Regel bei Bewerbungen im schulischen oder studentischen Bereich, meist für ein College oder ein Internship gefordert. Man verlangt regelmäßig immer dann einen Letter of Motivation oder ein Personal Statement, wenn man erwartet, es mit Kandidaten zu tun zu bekommen, die noch kein ausgereiftes Bewerbungsprofil vorweisen können, also Kandidaten, die z. B. erst die Schule abgeschlossen, die ersten Semester studiert haben oder sich nach einem Bachelorabschluss nun für einen Master bewerben möchten.

In beiden Fällen wird ein Kandidat eingeladen, sich in einem Anschreiben eher per Motivation, Persönlichkeit, Interessen, Ziele etc. und nicht so sehr durch Können oder Qualifikationen darzustellen. Ganz wichtig ist aber auch, dass die Studienwahl überzeugend und plausibel in einem persönlichen Zukunftskonzept eingebettet ist.

Ein Personal Statement ist neben den Noten ein, wenn nicht sogar das wichtigste Kriterium für die Aufnahme in ein College, wird aber auch oft als Bestandteil einer Praktikumsbewerbung gefordert. Ein Letter of Motivation ist eher im europäischen Raum gebräuchlich, während ein Personal Statement in Übersee verlangt wird. Inhaltlich sind die Unterschiede zu vernachlässigen. Bei den Formalien gibt es aber Unterschiede: Ein Letter of Motivation entspricht von den Formalien her einem Covering Letter, während es sich bei einem Personal Statement um einen kleinen Aufsatz handelt, der regelmäßig nicht in die Formalien eines Cover Letter eingebunden ist – es handelt sich also nicht um einen Letter, einen Brief, sondern um ein Statement. Auch geht es bei einem Personal Statement vielleicht etwas mehr darum zu sehen, wie eine Person denkt, argumentiert und formuliert – aber natürlich auch darum, was eine Person motiviert, also warum genau diese Ausbildung oder dieser Kurs angestrebt wird. Dies ist der klare Fokus eines Letter of Motivation.

Es gibt zwei generell unterschiedliche Arten eines Personal Statements: Entweder Sie sind frei in der Formulierung oder aber es wird/werden eine oder mehrere konkrete Fragen gestellt. Eine mögliche Frage wäre:

> "Describe briefly your reasons for wanting to teach giving the relevance of your previous education and experience, including teaching, visits to schools and other work with young people."

Oder:

- Why do you wish to study Health Care Management?
- How will this program of study contribute to your projected career plans?
- From your perspective, what are the most pressing concerns facing the healthcare field today?
- Discuss the way in which your previous educational and/or work experience(s) will contribute to your proposed studies and to the health care system upon graduation.

Wie im Cover Letter schildert man auch in einem Letter of Motivation oder in einem Personal Statement seine Beweggründe für die Bewerbung. Man stellt dar, warum man sich als Bewerber für ein spezielles Studium oder Praktikum eignet. Gänzlich falsch wäre es aber, ebenso wie bei einem Cover Letter, sich selber mit seinen eigenen Bedürfnissen in den Mittelpunkt des Anschreibens zu stellen. Klüger ist es zu schauen, welchen Nutzen die Organisation aus Ihrem Mitwirken ziehen kann und wie dies ganz wunderbar mit Ihrer eigenen Motivation Hand in Hand geht. Es ist ungeschickt, wenn Sie schreiben: "I want to improve my English", "I want to gain international experience", "I want to study abroad" oder "I am keen to explore London's night life". Bedenken Sie: Ein Unternehmen oder auch eine Universität ist weder eine Sprachschule noch eine Wohlfahrtsorganisation.

Universitäten z. B. erwarten ausgezeichnete Abschlüsse in der Regelstudienzeit, wenn nicht sogar später wissenschaftliche Publikationen oder alles, was der Steigerung der eigenen Reputation dient. Auf keinen Fall will man Studienabbrecher oder Menschen, die nicht genau wissen, was sie wollen, oder gar unmotiviert sind, was sich schon in einer schwachen Bewerbung abzeichnet.

Unternehmen wollen motivierte und inspirierende Mitarbeiter, die zum Erfolg, heißt zum Profit oder zur Innovation, aber auch zum Bekanntheitsgrad, Ansehen etc. der Unternehmung beitragen – spätere Festanstellung auf keinen Fall ausgeschlossen!

Das Problem bei beiden Arten des Anschreibens: Sie müssen Ihre Beweggründe überzeugend und fließend mit gelungenen Übergängen in der fremden englischen Sprache darstellen (... und dies ist in der deutschen (Mutter-)Sprache schon schwierig genug!). Hierzu weiter unten hilfreiche und inspirierende Beispiele. Leider haben wir in diesem Buch nicht genug Platz, um Beispiele für Formulierungen in unterschiedlichen Bereichen aufzuzeigen. Im Internet finden Sie unter *www.studential.com* oder *www.statementofpurpose.com* noch eine Vielzahl von sehr guten Personal Statements oder SoP. Wegen der komplizierten Materie schlagen wir auch dringend vor, dass Sie Ihr Anschreiben vor dem Abschicken von Menschen mit sehr guten Englischkenntnissen, evtl. einem Muttersprachler durchschauen lassen. Dies machen selbst englischsprachige Studenten regelmäßig und es gibt sogar eine Vielzahl von Agenturen, die damit Geld verdienen! Oft sind noch ein, zwei oder mehr Korrekturgänge nötig, um per Feinschliff einen überzeugenden Letter of Motivation oder ein Personal Statement zu formulieren.

Noch ein kurzer Hinweis: Es gibt keinen „richtigen“ Letter of Motivation oder Personal Statement, die Schriftstücke sind so individuell wie die einzelnen Menschen selbst. Alles, was wir hier anbieten, sind Möglichkeiten, wie etwas aussehen könnte, und damit möchten wir Ihnen helfen, etwas Eigenes zu schaffen. Zum Vorgehen: Erstellen Sie zunächst ein Gerüst (dies geht in deutscher, wäre aber in der englischer Sprache hilfreicher), also ein Konzept, wie Ihr Letter of Motivation oder Personal Statement aussehen soll. Hierzu stellen Sie sich ein paar Fragen:

- Wer sind Sie – fachlich, aber viel wichtiger persönlich? Was unterscheidet Sie von anderen, was macht Sie einzigartig? Gibt es etwas, was Sie besonders beeinflusst oder geformt hat?
- Was hat zum ersten Mal Ihr Interesse an einer bestimmten Aufgabe geweckt? Hat Sie danach etwas stimuliert weiterzumachen, in die Tiefe zu gehen? Gibt es einen roten Faden Ihres Interesses? Passen eventuell Ihre Hobbys zu der gewünschten Ausbildung?
- Was motiviert Sie? Warum ein Auslandspraktikum? Warum dieses Land? Warum diese spezielle Firma? Warum diese spezielle Aufgabe / der Studienplatz?
- Welche Qualifikationen und Kenntnisse haben Sie, von denen das Unternehmen, die Organisation profitiert? Wo habe Sie diese schon einsetzen können? Wo und wie bewiesen? Welche Kenntnisse, Fähigkeiten oder Persönlichkeit haben Sie, die sicherstellen, dass Sie ein Studium erfolgreich abschließen werden? Gibt es bestimmte Fähigkeiten, die Sie hierzu mitbringen – z. B. schnelle Auffassungsgabe, analytische Fähigkeiten, Teamgeist, Zähigkeit etc.
- Wie passen Ausbildung, Studium oder Praktikum in Ihre Zukunftspläne? Was sind Ihre nächsten Schritte nach der erfolgreichen Bewerbung? Was erwarten Sie von dem Studium / von dem Kurs? Was interessiert Sie besonders?
- Gibt es Lücken im Lebenslauf, die Sie erklären müssen? Vielleicht kommen Sie nicht auf direktem Weg zum Ziel, aber in den Denkpausen oder der Reisezeit ist Ihr Ziel klarer geworden?
- Wie kann das Unternehmen durch Ihren Einsatz gegenüber einem einheimischen Praktikanten einen Mehrwert erhalten?
- Als zentrale Frage und evtl. als zusammenfassender Abschluss Ihres Gerüsts bietet sich an: Warum sollte man Sie nehmen?

Nach dem Erstellen des Gerüsts fangen Sie an, Ihr Anschreiben zu formulieren. Nehmen Sie sich bitte Zeit!

Die Formalien können wir kurz abhandeln:

Versenden Sie Ihr Anschreiben online via einer Bewerberplattform, z. B. über UCAS in Goßbritannien, dann ist es immer in Ihre Bewerbung eingebettet – Sie müssen also nur den Text in das Bewerbungsformular hochladen. Dies ist im vorliegenden Beispiel geschehen.

Generell sollten Sie in einem solchen Fall Ihr Anschreiben mit Letter of Motivation oder Personal Statement überschreiben, je nachdem, was gefordert ist. Auch sollten Sie Ihren Namen, wenn vorhanden eine Referenznummer und die Seitenzahl angeben.

Die Länge des Letters oder auch des Statements wird bei einem College regelmäßig durch eine Bewerbungsanleitung auf eine maximale Anzahl von Zeilen, Wörtern oder Buchstaben eingegrenzt.

Verschicken Sie einen Brief (online oder per Post), entsprechen die Formalien des Letters of Motivation denen eines Cover Letters: Diese Form des Anschreibens ist, ebenso wie ein „normaler“ Cover Letter, maximal eine Seite lang. In Ausnahmefällen kann das Anschreiben auch länger als eine Seite sein, dann müssen Sie aber etwas wirklich Interessantes zu erzählen haben! Idealerweise haben Sie oben einen eigenen Briefkopf entworfen. Nun folgen die Anschrift der Universität oder des Unternehmens und darunter die persönliche Anrede des Ansprechpartners mit Datum. Im Anschluss folgt Ihr Text mit Einleitung, Hauptteil und Schluss. Unter dem Letter folgen Verabschiedung und Unterschrift (dies entfällt bei Onlinebewerbungen). Eine Gehaltsvorstellung äußert man in einem Letter of Motivation nicht. Eventuell können Sie am Ende ganz kurz auf Visa oder andere Formalien eingehen, z. B.: “An internship is covered with my work and travel visa.”

Und nun zu dem vorliegenden Personal Statement im Einzelnen:

Herr Potthoff möchte Medizin studieren und leitet seinen Studienwunsch sehr geschickt her. Er erzählt sehr nachvollziehbar (die Nachvollziehbarkeit ist sehr wichtig, der Leser muss verstehen können, was den Kandidaten antreibt) von der Faszination, die der menschliche Körper auf ihn ausübt. Daneben erwähnt er auch das Bedürfnis, anderen zu helfen, und aus diesen beiden Komponenten kann der Leser quasi automatisch den Studienwunsch selber ableiten.

Im zweiten Absatz untermauert Herr Potthoff diesen Wunsch mit Fakten, also mit der Wahl von Schwerpunkten in der Schule, erster Berufserfahrung, Tätigkeiten (auch ehrenamtliche) etc.

Schließlich leitet Herr Potthoff sehr gelungen her, dass er alle Voraussetzungen erfüllt, um den Anforderungen der Universität gerecht zu werden. Das ist sehr wichtig, weil es, wie schon gesagt, falsch wäre, nur sich selbst in den Mittelpunkt des Personal Statement zu stellen, obwohl der Titel dazu verführt.

Einen kleinen Einblick in die Freizeitaktivitäten ebenfalls mit dem Fokus auf die späteren beruflichen Herausforderungen rundet die Vorstellung von Herrn Potthoff ab.

Am Ende seines Personal Statements betont Herr Potthoff noch einmal seine Motivation und Entschlossenheit, Medizin studieren zu wollen.

Einschätzung

Insgesamt rundherum gelungen!

Nützliche Adressen für das Studium in den UK

- *www.ucas.com*
- *www.educationuk.org*

Die Anzeige:

SPORTS AND LEISURE

International sports and leisure company based in New York requires a fluent German Secretary to support the Sales Manager. Great team environment with loads of scope to progress. Lots of internal and external liaison and chance to get involved.

Send your application to:

The Sales Manager
NB Sports & Leisure
66 Haddon Garden Road
New York
NY 12345

Sabine Schulz Auf dem Brocken 44, 34414 Warburg, Germany

Tel: 056421341 Email: s.schulz@gmx.de

February 13, 2012

The Sales Manager
NB Sports & Leisure
66 Haddon Garden Road
New York
NY 12345

Dear Sir:

I read with interest your advertisement in the *New York Times* for a secretary with fluent German to support the Sales Manager. I feel my experience reflects the skills you are looking for and that my knowledge and expertise would be of relevance to the position advertised.

I would like to highlight the following skills and experience / personal strengths:

- Confident handling of modern office communications techniques / technology
- Proven ability to use word processing, spreadsheets and database software
- Fast learner, adaptable and flexible in new areas of work
- Effective time-management skills and ability to organize and prioritize a heavy workload
- Attention to detail in daily tasks
- Experience in the preparation of minutes and arrangement of meetings, conferences and travel
- Enthusiasm for and enjoyment of my job

I am in the process of relocating to New York in two weeks' time and would be delighted to have an interview opportunity with your organization.

Sincerely

Sabine Schulz

Sabine Schulz

Auf dem Brocken 44, 34414 Warburg, Germany

Tel: 056421341 Email: s.schulz@gmx.de

Employment History

Aero Cars *August 2008 – present*

Secretary to the Chief of Marketing

- Co-ordinating advertising, liaising with external advertising agencies
- Responsible for relationship with media planning agency and placing adverts in local newspapers
- Organizing all activities around television commercials for local and national television

Bohemia Stationery Products *July 2004 – July 2008*

Secretary to the Export Team for North America

- Responsible for the whole company's travel arrangements
- Liaision with distribution partners throughout the United States and Canada
- General secretarial duties including typing up sales reports

Mikado Music Merchandising *July 1998 – May 2004*

Secretary (Distribution Department)

- Dealing with all correspondence
- Preparation of bi-annual catalog
- Organizing presence at relevant music festivals, exhibitions and fairs

Education

Mikado Music Merchandising, Frankfurt *Sept 1998 – June 2001*

Three-year training program in office administration (Bürokauffrau) with final exam set by the Frankfurt Chamber of Commerce

Lisa Strohheim Gymnasium, Frankfurt *August 1989 – June 1998*

'Abitur' (equivalent to US High School Exam)

Relevant IT knowledge

Word for Windows and Mac OS X
Excel
Pagemaker
QuarkXpress
Paintshop Pro
Access

Languages

Fluent German and English (two years elementary school in Philadelphia)

Leisure Interests

Reading, history and swimming

Sabine Schulz Auf dem Brocken 44, 34414 Warburg, Germany

Tel: +49 56421341 Email: s.schulz@gmx.de

February 13, 2012

Mr Samuel Golding
Sales Manager
NB Sports & Leisure
66 Haddon Garden Road
New York
NY 12345

Ref: Advertisement in the New York Times for a secretary with fluent German

Dear Mr Golding:

Thank you for taking the time to talk about the position with me last Thursday. After our conversation, I am certain my background detailed on the enclosed resume reflects the skills and experience you are looking for. I am a passionate sports fan and would be delighted to find employment in the field of sports promotions.

In brief, my relevant experience and skills include:

- 14 years experience as a secretary within a sales and marketing environment
- fluency in both German and English
- liaising successfully with colleagues, clients and suppliers and agencies
- excellent communication skills face to face, on the telephone, and in writing
- familiarity with working procedures in the USA

I have a Green Card and am in the process of relocating to New York. I will be available for an interview in person in two weeks' time and will call you next week to discuss any queries you may have about my application.

Thank you for your consideration.

Sincerely

Sabine Schulz

Enclosure

Sabine Schulz Auf dem Brocken 44, 34414 Warburg, Germany

Tel: +49 56421341 Email: s.schulz@gmx.de

Employment History

Aero Cars *August 2008 – present*

Secretary to the Head of Marketing

- Co-ordinating all advertising for television and print
- Liaising with internal as well as external marketing professionals
- Organizing all activities around television commercials for local and national television
- Arranging meetings and taking minutes
- General administration, stationery and correspondence

Main achievements: Learnt QuarkXpress and Adobe Illustrator through self-study, saving the company layout fees of EUR 6000 a year. Set up regular meetings for Sales Representatives establishing a more effective flow of communication and ideas between staff.

Bohemia Stationery Products *July 2004 – July 2008*

Secretary to the Sales Team for North America

- Liaised with distribution partners throughout the United States and Canada
- First point of contact for overseas sales representatives
- Responsible for the whole company's travel arrangements
- General secretarial duties, including typing up sales reports and arranging meetings

Main achievements: Researched courier fees to USA, resulting in substantial savings in parcel courier fees.

Mikado Music Merchandising *July 1998 – May 2004*

Secretary (Distribution Department)

- Co-ordinated photography, graphics and text for bi-annual catalog
- Organized presence at relevant music festivals, exhibitions and fairs
- Responsible for checking stock levels

Main achievements: Organized Mikado Music stand at 'Popkomm', the German music industry's main exhibition, resulting in 20 % more orders compared to previous years.

Professional Development

Excel Advanced

Evening classes, Business & IT Training, Marburg

Word for Windows Advanced

Evening classes, Business & IT Training, Marburg

Sabine Schulz

Auf dem Brocken 44, 34414 Warburg, Germany

Tel: +49 56421341 Email: s.schulz@gmx.de

Effective communication by telephone
Training Direct, Frankfurt

Time management for secretaries
Training Direct, Frankfurt

Education

Mikado Music Merchandising, Frankfurt am Main *Sept 1998 – June 2001*
Three-year practical and theoretical training program covering all aspects of office administration (Bürokauffrau) with final exam set by the Frankfurt Chamber of Commerce.

Lisa Strohheim Gymnasium, Frankfurt am Main *August 1989 – June 1998*
'Abitur' (equivalent to US High School Exam)

Lincoln Elementary School, Philadelphia *August 1984 – June 1989*

Relevant IT knowledge

Excellent knowledge of Word for Windows and Mac OS X, Excel, and QuarkXPress.
Good working knowledge of Pagemaker, Paintshop Pro and Access.

Languages

Fluent German and English

Leisure Interests

Swimming (member of German Swimming Association), American football (supporter of Hamburg's Blue Devils), soccer and reading

References

Gitta Heidenkamp
Head of Marketing
Aero Cars
Hammelsbach 34
34414 Warburg
Germany
+49 564 66555

Alfons La Roche
Managing Director
Bohemia Buerobedarf
Steckstrasse 23
60329 Frankfurt am Main
Germany
+49 69 7865435

Zu den Unterlagen von Sabine Schulz
Sekretärin, USA

1. Version

Als Erstes fällt das Layout eines ansprechenden und durchgängigen eigenen Briefkopfes beim Cover Letter und Resume positiv auf.

Aber schauen wir uns das Anschreiben im Einzelnen an. Zunächst spricht Frau Schulz den Ansprechpartner nicht mit Namen an. Die Wichtigkeit eines Sondierungsgespräches haben wir bereits im Bewerbungsbeispiel von Regina Davenport betont (siehe S. 13). Auch sonst gelingt es der Kandidatin mit ihrem Anschreiben nicht, zu überzeugen. Die Einleitung ist ein klassischer Standardtext, der zunächst den Anzeigentext wiederholt. Im zweiten Satz kündigt die Kandidatin eine Übereinstimmung zwischen ihren Fähigkeiten und Kenntnissen und den anfallenden Aufgaben an, wobei die Formulierung vage und langatmig ist.

In der Einleitung des zweiten Abschnittes verwendet die Kandidatin einen Schrägstrich zwischen *experience* und *personal strengths,* was ein wenig so wirkt, als ob die Kandidatin nicht recht wüsste, was sie da aufzählt. Der Schrägstrich wird noch einmal im ersten Aufzählungspunkt verwendet. Das alles macht einen sehr unschönen Eindruck. Die nun folgende Aufzählung der erworbenen Fähigkeiten ist zu lang, wirkt ungeordnet und steht in keinem Zusammenhang mit dem Anforderungskatalog der Anzeige. Auch bleibt unerwähnt, dass Frau Schulz zumindest zeitweise zweisprachig aufgewachsen ist und somit die englische Sprache fließend beherrscht.

Schließlich ist die Verabschiedung wie der gesamte Brief problematisch. Es werden keine Angaben zur Arbeitserlaubnis gemacht oder ein Nachfassen der Bewerbung angekündigt. Bei der vorliegenden Bewerbung können aber nur in einem Gespräch die noch offenen Punkte, wie die bereits vorhandene Arbeitserlaubnis oder die Motivation, nach New York zu ziehen, geklärt werden.

Bei dem **Resume** handelt es sich um einen klassischen chronologischen Aufbau mit übersichtlicher und klarer Gliederung. Gehen wir von oben nach unten vor:

Augenscheinlich werden die verschiedenen Anstellungen gleich gewichtet, weil jeweils drei Unterpunkte angegeben werden. Ein solches Vorgehen ist unglücklich, weil im angloamerikanischen Raum dem aktuellen Job immer wesentlich mehr Aufmerksamkeit geschenkt wird als dem vorherigen. Werden weitere ältere Positionen dargestellt, so sind diese noch geringer zu gewichten. Des Weiteren sind die Unterpunkte zu den einzelnen Anstellungen, wie auch schon die Aufzählung in dem Anschreiben, sehr wenig auf die Anforderungen des neuen Jobs ausgerichtet und nicht nach Prioritäten geordnet.

Außer in einer ungekündigten Position ist auch die Verwendung des Gerundiums (*dealing* etc.) unglücklich bzw. bedarf eines tiefen sprachlichen Feingefühls. Es ist wesentlich einfacher, in solchen Fällen die Vergangenheitsform zu wählen (*dealt).*

Die Darstellung der absolvierten Lehre unter *Education* dagegen ist recht gelungen. Ebenfalls gut, weil kurz und bündig, ist die Erwähnung des Abiturs. Bei der Angabe der Sprachen gibt es noch eine kleine Unschönheit: Frau Schulz erwähnt hier, dass sie auf die Grundschule in Philadelphia gegangen ist. Diese Angabe sollte sie lieber unter *Education* vornehmen. Dazu noch Folgendes: Normalerweise erwähnt man im Englischen den Besuch von Grundschulen nicht. Im vorliegenden Fall kann aber damit ausgedrückt werden, dass Frau Schulz wesentliche Sprachkenntnisse erworben hat, und so sollte dieser Abschnitt ihres Lebens mit in den Resume aufgenommen werden. Schließlich und endlich fehlen Angaben zu den Referenzen.

Einschätzung

Aus dem Cover Letter und dem Resume kann man mit kleinem Aufwand wesentlich mehr machen. Das Unterlassen des Sondierungstelefonats ist für die besondere Situation von Frau Schulz von sehr großem Nachteil, weil sie damit viele Fragen aus der Welt schaffen und darüber hinaus die eigene Motivation verdeutlichen könnte.

2. Version

Sie sehen schon auf den ersten Blick, wie Frau Schulz im *Cover Letter* mit wenig Aufwand einen großen Unterschied erzielt. Das Anschreiben spricht den Personaler ganz anders an. Zunächst fällt auf, dass Frau Schulz eine Betreffzeile eingefügt hat, die den Bezug des Schreibens enthält (die Verwendung bietet sich hier an, ist aber nicht für jedes Anschreiben geeignet). Die Einleitung geschieht persönlich mit Bezug auf das vorher geführte Telefonat. In der Einleitung des neuen Anschreibens sind auch Satzstücke aus der alten Fassung enthalten, diese wirken jedoch im neuen Kontext viel ansprechender. Schön ist auch der letzte Satz der Einleitung, in dem Frau Schulz sich als „passionate sports fan" beschreibt. Mit diesem kleinen Statement erschafft die Kandidatin einen persönlichen und engagierten Bezug zu der Tätigkeit in der neuen Branche. Die sportlichen Interessen spiegeln sich auch noch einmal im Resume bei den Freizeitaktivitäten wider (Schwimmverein, Blue-Devils-Fan etc.).

Die nun im Anschreiben folgende Aufzählung von Erfahrungen als Sekretärin bezieht sich auf die Anforderungen der neuen Position, welche in der Anzeige formuliert sind, und ist nach Prioritäten geordnet.

Im letzten Absatz wird kurz erwähnt, dass eine Arbeitserlaubnis vorhanden ist, und darüber hinaus wird noch einmal ein Nachfassen angekündigt. Gelungen!

Noch immer handelt es sich um einen **Resume** mit chronologischem Ablauf, nun aber mit funktionellen Aspekten. Der Aufbau wirkt in der neuen Form viel interessanter. Durch die Angabe besonderer Leistungen (*Main Achievements*) in den jeweiligen Anstellungen gelingt es Frau Schulz, Selbstmotivation und Eigenverantwortung darzustellen. Hierdurch können auch Qualifikationen dargestellt werden, die wenig oder nichts mit der eigentlichen Jobbezeichung zu tun haben. Diese Art des Aufbaus kann somit ideal im Fall eines Berufswechsels herangezogen werden. Der Fokus der Arbeitserfahrung liegt inzwischen ganz klar auf der aktuellen Position. Die kurzen Angaben zu den einzelnen Tätigkeiten sind übersichtlicher und der Aufbau wirkt geordneter. Frau Schulz hat darüber hinaus einen kleinen Abschnitt mit den in letzter Zeit absolvierten Weiterbildungen eingefügt. Diese Angaben dokumentieren ebenfalls die große Motivation der Sekretärin. Der übrige Lebenslauf wurde nicht mehr stark verändert. Die Angabe zur amerikanischen Grundschule wurde an die richtige Stelle gesetzt. Einige zusätzliche Informationen zu Freizeitinteressen sowie die Referenzadressen runden den neuen Resume ab.

Einschätzung

Die vorgenommenen Änderungen haben die Bewerbungsunterlagen deutlich verbessert. Dabei war der Aufwand (inkl. Telefonat) sehr gering. Der Lebenslauf hat durch das Aufzeigen der *Main Achievements* einen sehr interessanten Ansatz bekommen. Die Chancen von Frau Schulz auf ein Vorstellungsgespräch und damit eine Einstellung konnten deutlich gesteigert werden.

Internetadressen zum Thema Sekretariat / Administration

Suchtipps zum Thema Sekretariat finden Sie auf S. 56 (Marketing und Wirtschaft). Sie müssen nur Ihre Schlagwortauswahl anpassen (z. B. „secretary", „admin", „powerpoint", „receptionist" etc.).

Annette Meyer
Kepplerstrasse 17
44357 Dortmund
Germany
0049 231 334567
info@annettemeyer.de

Ms Karen Wilson
Drama Department
Sydney University
Wood Road
Sydney
NSW 2006

5th January 2012

Dear Ms Wilson

I would like to be considered for the position of carpenter in the Drama Department as advertised in the *Sydney Morning Post* on 4th January 2012.

You will see from my enclosed CV that I have been working as a qualified carpenter and previously did a three-year apprenticeship covering all aspects of furniture carpentry. In addition I have been constructing theatre sets with the Dortmund Amateur Dramatic Society in my spare time for the last two years. Here I have been involved with various productions set in different periods, making new furniture and adjusting existing furniture and also constructing revolving stages and street furniture from various materials.

I am passionate about drama and would be delighted to combine my love of the theatre with my experience as a carpenter. I understand that the budget for sets is limited as your productions are by students. I have experience of working within a very low budget with the Dortmund Amateur Dramatic Society and am used to these restrictions.

I would appreciate the opportunity of an interview, in the meantime please do not hesitate to contact me should you have any further queries. As I am married to an Australian resident I have a work permit for Australia.

I look forward to hearing from you soon.

Yours sincerely

Annette Meyer

CURRICULUM VITAE

NAME	Annette Meyer	**DATE OF BIRTH**	5th March 1990
ADDRESS	Kepplerstrasse 17 44357 Dortmund, Germany	**NATIONALITY**	German
		MARITAL STATUS	married
TELEPHONE	0231 334567	**EMAIL**	info@annettemeyer.de

EDUCATION

March 2009
Handwerkskammer
Dortmund

GESELLENPRÜFUNG (CERTIFICATE IN CARPENTRY)
(THEORETICAL PART OF TRAINING PROGRAMME)

The exam was set by the Trade Corporation (Handwerkskammer) and taken after a three-year apprenticeship in furniture carpentry. Part of the training was at technical college and covered technical drawing, mathematics and a course on all aspects of working with wood, tools and machines.

June 2006, Karl-Schurz-Realschule, Dortmund

REALSCHULABSCHLUSS (MITTLERE REIFE)
(Equivalent to O-levels)

WORK EXPERIENCE

April 2009 to present
Schlosswerkstatt,
Dortmund

FURNITURE CARPENTER

Working in a wood workshop in a team of three. Creating individual items of furniture including tables, shelves, beds and wall-to-wall cupboards from various types of wood. Working independently, taking brief from client, costing, working out timings, choosing materials, working up piece through to supervising final delivery and assembling furniture on site. Occasionally restoring antique furniture. Responsible for compliance with health and safety regulations.

Sept 2006 – March 2009
Holzwerkstatt Westwald,
Lünen

APPRENTICE CARPENTER
(PRACTICAL PART OF TRAINING PROGRAMME)

Learning all aspects of working with wood whilst working in a large carpentry workshop producing made-to-measure office and domestic furniture, such as desks and shelving. Assisting qualified carpenters with cutting, sawing, grinding, tenoning, joining and finishing. Dealing with suppliers and invoicing.

INTERESTS

April 2005 to present
Dortmund Amateur
Dramatic Society

SET CARPENTER
(OCCASIONAL WEEKENDS/EVENINGS)

Concept and construction of sets for productions in small venues. Ensuring sets are easily removable. Working with a variety of materials in different styles and periods according to where production is set.

Zu den Unterlagen von Annette Meyer
Tischlerei / Schreinerei in Australien

Zunächst der Hinweis auf einen Formfehler, der absolut vermeidbar ist. Bei der Angabe der eigenen Adresse im Anschreiben vergisst Frau Meyer vor ihrer Telefonnummer kurz zu kennzeichnen, dass es sich auch wirklich um eine solche handelt. Weiterhin gibt sie im Lebenslauf die Nummer ohne die Ländervorwahl an. Hier sind einheitliche Angaben angebracht!

Nun zum Inhaltlichen des **Cover Letter**: Es fällt sofort auf, dass Frau Meyer keinen vorherigen telefonischen Kontakt mit der Verantwortlichen gesucht hat. Dies ist bei der anzunehmenden Vielzahl der Bewerbungen und dem Nachteil, sich nicht vor Ort bewerben zu können, ein echtes K. o.-Kriterium. Des Weiteren ist der Einstieg des Anschreibens sehr traditionell und ausdruckslos.

Die kurze persönliche Vorstellung im zweiten Abschnitt fängt ebenfalls etwas schwach aus. Der Hinweis auf den beigelegten CV wirkt plump. Danach schreibt die Kandidatin jedoch fokussiert weiter und vermittelt überzeugend ihr großes Interesse an der angebotenen Stellung. Alternativ könnte Frau Meyer sich mit einer kurzen, knappen und etwas verkäuferischer anmutenden Formulierung im Aufzählungsstil vorstellen:

- › a three-year German apprenticeship as a carpenter, involving all practical and theoretical aspects of professional carpentry
- › experience in constructing theatre and production sets as well as revolving stages
- › in-depth knowledge in constructing furniture
- › used to working within small budgets
- › fluent oral and written English

Der letzte Absatz des vorliegenden Anschreibens ist recht gelungen, die Darstellung der Motivation und auch das Aufzeigen von echtem Insiderwissen verfehlen die gewünschte Wirkung nicht. Die Verabschiedung dagegen ist etwas zu höflich und zeigt keinen Biss – den braucht man jedoch in einem fremden Land und einer fremden Umgebung. Es wird trotz fehlendem Sondierungstelefonat kein Nachfassen angekündigt.

Schließlich ist noch ein kleiner Formfehler am Ende des Anschreibens anzumerken: Hier fehlt das Wort *Enclosure,* welches anzeigt, dass ein weiteres Schreiben (der Lebenslauf) beigelegt wurde.

Der **CV (Curriculum Vitae)** wirkt durch ein gelungenes Layout auf den ersten Blick übersichtlich. Der Lebenslauf weist aber auch Verbesserungspotenzial auf: Der Leser muss immer wieder lange Absätze durchlesen, um die gewünschten Informationen zu finden. Auch bei Frau Meyer taucht das Problem der Übersetzung der deutschen Abschlüsse auf, welches allerdings durch die inhaltliche Beschreibung der Lehre recht gut gemeistert wurde. Sehr gut gefällt uns, dass der ganze Lebenslauf klar auf das Ziel ausgerichtet ist, eine Anstellung als Bühnenschreinerin zu bekommen, welches im *Interests*-Abschnitt besonders deutlich wird. Der Fokus ist sehr gelungen.

Einschätzung

Eine recht ansehnliche Bewerbung mit einigen Formfehlern.

Internetadressen für handwerkliche Berufe

Für alle handwerklichen Berufe sind die lokalen Handwerkskammern ein guter erster Anlaufpunkt. Die meisten Handwerkskammern haben einen eigenen Internetauftritt, können aber auch persönlich aufgesucht werden.

- Geförderte Weiterbildung und Auslandsaufenthalte bietet die GIZ auch für Handwerker an.
  Deutsche Gesellschaft für internationale Zusammenarbeit, Friedrich-Ebert-Allee 40, 53113 Bonn
  Tel. 0228 4460-0, Fax 0228 4460-1766
  www.giz.de

- Des Weiteren werden Handwerker auch sehr oft von international tätigen Organisationen im Bereich der Entwicklungshilfe gesucht.
  www.entwicklungsdienst.de

Hier einige weitere nützliche Links:

- *www.handwerks-power.de*
- *www.jobpilot.de*

Luise Wörtmann, Kölner Straße 45, 80035 Munich
Tel: +49 89 123456

January 22, 2012

Laurence Haley
Wordpower Communication
556 Manhattan Avenue
New York
New York 10014

Dear Mr Haley:

Following a conversation with Mrs Young last Thursday, I am enclosing my résumé for your consideration. I am confident that my broad-based experience in diverse fields of translation would be an asset to your organization.

In the 15 years I have been working as a translator (German, English, and Spanish), my experience has covered the following areas:

- **Marketing materials:** Annual reports, magazine editorials and advertisements
- **Technical:** Technical specifications for engineering plants, operating instructions and chemical process descriptions
- **Business:** New business proposals, business plans and strategy documents
- **IT:** Manuals for software and hardware
- **Legal:** Engineering contracts, contractual disputes, interpretation in court and court transcripts

I would appreciate an opportunity to discuss how my experience could contribute to the success of Wordpower Communication, and am interested in both contract work and permanent employment. I have recently obtained a Green Card and will be relocating to New York at the end of January.

Thank you for your time and consideration. I look forward to hearing from you soon.

Sincerely

Luise Wörtmann

Enclosure

Luise Wörtmann, Kölner Straße 45, 80035 Munich
Tel: +49 89 123456

Background

A highly experienced and accurate translator with German (mother-tongue), English (fluent; resident in London for five years) and Spanish (excellent knowledge; resident in Madrid for two years).
Specialist knowledge in the field of engineering and commercial translations. Excellent interpersonal and organizational skills. Good teamworker, calm, patient, motivated and used to working to tight deadlines.

Skills Summary

- Eight years' experience as a translator for a leading German engineering company, translating English, German and Spanish texts with main emphasis on technical specifications, legal and international advertising and marketing materials.
- Translation of handbooks for specially commissioned or customised computer applications at SIG Worldwide, for engineering, accounting and technical drawing software.
- Translation of operating manuals for process descriptions in chemical plants and user instructions for internal translation databases.
- Experience in dealing with confidential information in a formal setting as occasional interpreter in court for the British Army.
- Competent use of Microsoft Products; Word, Excel, PowerPoint, SDL Trados and customising of database for translation use.
- Excellent administration skills, scheduling and prioritising.

Career History

May 2005 – present	***Translator***	**SIG Worldwide Engineering, Munich**
Sept 99 – April 2006	***Translator***	**Löhrmann Publishing, Düsseldorf**
Aug 94 – Jun 99	***Translator / Copywriter***	**Euromarketing Ltd, London**
Sept 92 – Jul 97	***Translator / Secretary***	**British Military Base, Bielefeld**
Aug 91 – Feb 92	***Private Tutor in German***	**Eurolingo School, Madrid**

Education

Jan 91 – June 91 **University of Madrid**
Six-month course for foreign students.

June 90 **German Chamber of Industry and Commerce Certificate in Translation for English and Spanish**
Oral and written exams testing translation skills in English and Spanish. The four-day exam covered legal, business, journalistic, literary and spoken language.

Jan 88 – June 90 **Ravensburg School of Languages**
Two-year full-time course in English and Spanish, including business studies, economics, advertising and law in the context of translation and interpreting.

Zu den Unterlagen von Luise Wörtmann
Übersetzung in den USA

Im **Cover Letter** bezieht sich die Kandidatin auf ein vorangegangenes Gespräch, dies wurde jedoch nicht mit dem Verantwortlichen persönlich geführt. Daher wäre es sinnvoll, wenn sie ein Nachfassen ankündigen würde. Ansonsten wird nicht viel um den heißen Brei geredet, sondern eine Liste der Fakten erstellt. Auch wird das Anschreiben dazu genutzt, die Frage der Arbeitsgenehmigung zu klären.

Der Einstieg in den **Lebenslauf** ist überzeugend, übersichtlich und sehr beeindruckend. Vielleicht nicht verwunderlich bei so viel Berufserfahrung, aber auch diese will wohlverpackt sein. Frau Wörtmann stellt ihre Fähigkeiten mittels eines *Functional Resume* (vgl. dazu S. 141) dar, wobei nur wenige unterschiedliche Fähigkeiten aufgeführt werden. Ein einziger kleiner Formfehler ist ihr allerdings doch unterlaufen. Sie schreibt „Kölner Straße" in ihrem Briefkopf. Umlaute und das „ß" kennt man im Englischen nicht. Besser ist es, die Schreibweise „ae", „oe" oder „ue" zu benutzen, und aus „ß" wird ein „ss".

Einschätzung

Klar, übersichtlich und überzeugend!

Internetadressen für Übersetzer

- Übersetzer sind weltweit gesuchte Fachkräfte. Insbesondere, wenn Zertifizierungen vorgelegt werden können. Ein weltweites Übersetzungsbüro, das immer wieder gute Übersetzer sucht, ist *www.sdl.com*.

Weitere Internetseiten:

- *www.translatorscafe.com*
- *www.translationdirectory.com*
- *www.intlangco.com.au*

Weitere interessante Seiten finden Sie per Schlagwortsuche im Internet (vgl. S. 73, IT, und S. 98, Ingenieure).

Stefanie Hartung
Siebenzollernweg 17
22318 Hamburg
Tel: +49 40 1234567
shartung@gmx.de

Mr James Richie
RJ & J Recruitment
Arundel Square
Manchester
MA4 8UJ

17 January 2012

Dear Mr Richie,

Thank you for taking the time last Wednesday to discuss with me the possibilities of working in England as an architect. I have decided to move to Manchester in April 2012 and will be contacting you again in February.

As discussed, I am enclosing my CV for your information. In the meantime, please could you bear me in mind for any clients you may have with international project developments, who might be interested in an architect experienced in German planning and building laws and regulations. I have taken your advice and enrolled in an evening class in English office communications and am also taking an English conversation class to prepare myself for working in Britain.

If you have any questions at all about my Curriculum Vitae, please call me on +49 40 1234567 or email me at shartung@gmx.de. Thank you for your advice and support.

Yours sincerely

Stefanie Hartung

Curriculum Vitae

Personal details

Name:	Stefanie Hartung
Address:	Siebenzollernweg 17 22318 Hamburg Tel: +49 40 1234567
Email:	shartung@gmx.de
Place of Birth:	Arnsberg
Date of Birth:	21 October 1977
Nationality:	German
Marital Status:	Single

Education

01/04/11 to present	**PhD in Strategic Facility Management** Department of Civil Engineering Hamburg University
01/10/08 – 25/06/10	**MA in Construction Management** Dissertation on Facility Management in the context of planning and usage of commercial buildings Hamburg University
01/09/96 – 06/11/01	**BA in Architecture** (Dipl.-Ing. Architektur) Dissertation: Design of an office block in Hamburg city centre Hamburg University
07/87 – 05/96	**A-levels** Werner-Lau-Gymnasium, Hamburg

Employment

01/04/11 to present	Employed by the University of Hamburg as Scientific Assistant for a research project with the Institute of Construction and Building Management. A large part of the work involves advising the Building and Planning Department in Hamburg on facility and building management.
01/10/10 – 31/12/10	Commissioned by the German Ministry of Science and Technology to write a report on 'Employment perspectives for female architectural students'

▶ Kommentar Seite 49

23/08/10 – 11/11/10	**Dr.-Ing. Wolfgang Harmann** **Office for Architecture and Town Planning, Hamburg** Worked as a freelance architect on a village development project in Klein-Hammelsbach. Emphasis on Client / Agent coordination within the framework of planning and consultation with council bodies and the general public.
01/02/10 – 26/02/10	Project review and final audit of technical accounts for the Lartana Hotel in Munich, commissioned by MDR GmbH in Cologne.
04/05/09 – 31/12/09	Employed for research project 'Women's needs in modern architecture' by the Department of Architecture at Hamburg University.
28/08/06 – 21/11/07	**TOP CAD/CAM School, Hamburg** As freelance lecturer taught technical draughtsmen / draughtswomen to draw up specialised building and construction plans in preparation for exam by the Chamber of Commerce.
May 2006 – 23/11/07	**Association of Surveyors** Commissioned to prepare and present a series of seminars on 'Foundations of civil and structural engineering for surveyors' with emphasis on architectural form and structural damage to buildings.
from 01/02/06	**Self-employed architect with office in Hamburg** Main projects: • Concepts and detailed development plans for the development of new residential property in Markum-Nord. • Building plan for the old town in Meerenburg. • Design of a bus station for Harenburg Town Council. • Preliminary town planning concept for a new ring road through Duisburg-Traunheim. • Second prize in national competition for village development plan for the council of Michelnbach / Bavaria (no first prize was awarded). • Preliminary research for proposed development of industrial estate Fuddarheide commissioned by the town council.
01/12/03 – 31/01/06	**Angus Dochert Developments, Hamburg** Employed as architect with emphasis on project management, construction management and advising other architects and engineers involved in the project planning process. Mainly working in hotel construction for international hotel companies. Main client was Zakira Hotels.
12/11/01 – 31/11/03	**Dr.-Ing. Wolfgang Harmann** **Office for Architecture and Town Planning, Hamburg** Employed full-time to work on a range of projects covering structural engineering with main emphasis on concept, design, building and planning permits, construction planning and site supervision.

Work Placements

21/03/99 – 31/12/99	Involvement in the research project 'Computer and Building Site Management' at Hamburg University.
13/07/98 – 16/10/98	Architektengroep Breugenstein, The Hague, a group of architects specialising in ecological building.
01/06/96 – 31/08/96	On-site work experience with building contractors Kupferstein GmbH, Hamburg.

Courses

18/02/11	Delegate at the international construction industry's exhibition 'Bautech 2005' in Berlin.
11/02/11	One-day course: 'Building Usage and Costs' at the Academy of the Hamburg Chamber of Architects.
15/03/10 – 16/03/10	Two-day course in Facility Management Software (CAFM) at Freiburg University.
25/11/06 – 29/11/06	Four-day seminar 'Heat and Sound Proofing' at the Academy of the Hamburg Chamber of Architects.
09/10/03 – 13/10/03	Four-day seminar: 'Evaluation of Developed and Undeveloped Land'. Technical Academy at Kaiserslautern University.

Languages

German, English and Dutch

Software

MS-Office: Word, Excel, PowerPoint, MS-Project, Spirit (CAD), Forma, AutoCAD, Lotus Notes, Domino Designer

Membership of professional bodies

From 2003	Member of the Hamburg Chamber of Architects

▶ Kommentar Seite 49

Zu den Unterlagen von Stefanie Hartung
Architektur, Großbritannien

Der **Cover Letter** ist recht kurz und wenig informativ, knüpft aber an ein sehr ausführliches persönliches Gespräch an, an das sich der Ansprechpartner sicherlich noch erinnern wird. Dies ist ein gutes Beispiel dafür, wie fruchtbar ein Sondierungstelefonat sein kann. Sehr gut ist auch die klare Verfolgung des Ziels mit der direkten Ankündigung, sich wieder zu melden. Das ganze Schreiben strotzt vor Motivation. Kleiner Formfehler: Das Wort *Enclosure* wurde vergessen.

Der **Lebenslauf** ist streng chronologisch aufgebaut. Durch viele und teilweise auch sehr kurze Projekte fällt es schwer, ihn zu lesen und nachzuvollziehen. Die Schreiberin hätte gut daran getan, anstatt einer chronologischen eine funktionelle Gliederung vorzunehmen. So könnten die Wissensschwerpunkte und die Erfahrungen klarer dargestellt werden und die Projekte in einer Art Projektliste aufgezählt werden. Dieses Vorgehen würde viel Unordnung im Lebenslauf beseitigen. Vergleichen Sie einmal die Bewerbung der Übersetzerin Luise Wörtmann ab S. 42.

Einschätzung

Ein anschauliches Beispiel dafür, dass ein übersichtlicher Lebenslauf nicht ohne eine klare Gliederung aufzubauen ist.

Internetadressen für Architekten

- Bundesarchitektenkammer
  www.bak.de
  Eine gute Adresse für Networking und ganz spezielle Auswanderungsanleitungen für alle englischsprachigen Länder innerhalb und außerhalb der EU. Hier wird beschrieben, wie die heimischen Abschlüsse anerkannt werden und welche weiteren Anforderungen man an Sie stellt. Die detaillierten Länderinformationen sind beim Netzwerk Architekturexport (NAX) der BAK unter *www.architekturexport.de* und dort unter „Länderdatenbank" zu finden.

Weitere Links:

- *jobs.escapeartist.com*
- *www.archrecord.construction.com*

Die Anzeige:

Marketing Executive

Based St Albans

Recognised for our expertise in the field of foreign language teaching, Exeter Publishing publishes a wide range of materials, including training books for teachers, primary and secondary schools and short course and evening course materials. We are now branching out into the field of Teaching English as a Foreign Language (TEFL). The advertised role will be key to the success of our publications and the effective and innovative promotion and marketing of our new materials in this field including two new subscription titles aimed at both teachers and students.

A creative and highly organised marketing specialist with first-class writing ability, you will work closely with the Marketing Officer and Head of Publishing, devising and implementing new marketing strategies, as well as developing the customer database and generally ensuring successful sales and distribution. An enthusiastic team player with proven publications marketing expertise, you will be capable of working to very tight deadlines and on your own initiative. Word-processing, Excel and database skills will be combined with sound administrative ability. Knowledge of foreign languages, especially German, Spanish or French is an advantage. We offer a generous company pension scheme, health care packages and 25 days annual leave.

To apply for the above position, please send your CV and a handwritten covering letter (stating current salary) to:

The Personnel Manager, Exeter Publishing, Exeter House, Fernway Road, St Albans, Hertfordshire AL4 8GX

(Please note that only shortlisted candidates will be contacted.)

 ▸ Kommentar Seite 55

JENS VOGELSANG
HABICHTSTRASSE 16 60145 FRANKFURT GERMANY 0049 69 334567

Mr. Tim Sajita
Personnel Manager
Exeter Publishing
Exeter House
Fernway Road
St. Albans
Hertfordshire
AL4 8GX

14 February 2012

Dear Mr Sajita

I read with interest your advertisement for a Marketing Executive for Exeter Publishing's new TEFL programme. You will see from my enclosed Curriculum Vitae that my skills and experience reflect the criteria in your advertisement. As I have worked as a language teacher, I have excellent knowledge of your target audience. In addition I have experience of both the English and German publishing markets and will be able to offer your company fresh marketing ideas from a new perspective.

My current salary is approximately £26k, however the German salary and tax system is quite different to the UK. I am very keen to work outside London and am willing to negotiate salary levels.

I will be calling you next week to arrange a mutually convenient time to discuss my application. In the meantime, thank you for your consideration.

Yours sincerely

Jens Vogelsang

Enclosure

CURRICULUM VITAE — JENS VOGELSANG

PERSONAL DETAILS

NAME	Jens Vogelsang	TEL	0049 69 334567
ADDRESS	Habichtstrasse 16 60145 Frankfurt Germany	EMAIL	jens_vogels@aol.com
		DOB	5 December 1980

SKILLS

- Excellent track record in developing and implementing marketing strategies
- In-depth knowledge of publishing for educational markets in England and Germany
- Ability to liaise effectively with other teams and organisations to drive projects forward
- Trained in project management, negotiation skills, subscriptions marketing and database marketing
- High computer literacy – familiar with a wide range of packages including Word, Excel, PowerPoint, 'First Point' database, Access, QuarkXpress (PC and Mac platforms), InDesign and Photoshop
- Excellent working knowledge of English and French, fluent German

EMPLOYMENT

BOOK AND MAGAZINE MARKETING OFFICER — **August 2009 – present**

FADA Educational Publishing Division, Frankfurt

- Jointly responsible with the Head of Publishing for compiling and reviewing a new business plan for 2011–14
- Initiated research and analysis for a situation review of the Educational Publishing Division and organised steering group project meetings for the Magazine Marketing Review
- Worked with the Website Manager in setting up FADA's educational online bookshop and maintained the magazine pages
- Implemented a new customer database with external software developers and FADA's IT department. Drew up a structure for a tailored subscriptions management function and briefed IT staff on criteria for sales and marketing reports
- Arranged meetings with FADA's distributor and supplied advanced information on new titles. Monitored stock and income levels from shop sales
- Managed the marketing and distribution for magazine subscription services aimed at teachers. Worked on increasing the subscriber base of teachers with external publishing consultant and researched the feasibility of outsourcing distribution
- Recruited and line-managed the Publishing Assistant Volunteer
- Oversaw production and distribution of the publications list and flyers for new titles. Liaised with designers, printers and mailing houses and FADA's Training Publications Division
- Attended book fairs and conferences to promote publications and advised potential customers on the suitability of publications

MARKETING EXECUTIVE — March 2008 – July 2009

Oxford Educational Publishing, Oxford

- Responsible for marketing secondary personal and social education, English, modern languages, and religious education books to teachers within allocated budgets
- Project-managed five annual subject catalogues. Produced in-house forms, flyers and target letters and used the database to target these cost-effectively
- Commissioned promotional agencies to design and print conference panels and display material for sales representatives
- Liaised with exam boards, advisers, teachers and the educational press to secure recommendations for titles and to promote syllabus matches
- Initiated National Year of Reading project group to maximise marketing opportunities with Dictionary, Audiobook and Trade Fiction Divisions
- Designed and edited a quarterly newsletter for buyers of the 'Prayers to the People' series of workbooks

TEACHER — September 2006 – July 2007

German Language Academy, Frankfurt

- Successfully prepared classes for refugees in Frankfurt for German Language exams at Frankfurt Job Centres
- Taught all levels from beginners to advanced which included setting end-of-term tests
- Organised career guidance, extra revision classes and evening theatre visits

EDUCATION

ADVANCED CERTIFICATE IN MARKETING — September 2011 – present

Frankfurt Business School

Currently studying Marketing Information for Management Decisions for examination in December. Training has included forecasting, market research, investment appraisal and costing techniques

POSTGRADUATE DIPLOMA IN PUBLISHING — September 2007 – March 2008

Bradford College, England

Training in marketing, commissioning, desktop publishing, desk editing, print production, project management and product presentations. Special option in multimedia

CERTIFICATE IN TEACHING GERMAN TO ADULTS — August 2006

Oppmann Language School, Frankfurt

Intensive training in Teaching German as a Foreign Language to Adults

ENGLISH LANGUAGE AND LITERATURE (EQUIVALENT TO BA HONS, II i) — August 2001 – September 2006

University of Cologne

Final year dissertation on Yeats and American Literature

ABITUR (A-LEVELS) — September 1991 – June 2000

Karl-Schurz-Gymnasium, Cologne

English (A), German (A), History (B), Biology (C)

INTERESTS

- Member of Working Group for Education and Publishing
- Travel includes visits to Slovakia and Ghana, including four weeks teaching children in Ghana during my studies in 2005
- Voluntary work at Frankfurt Central Soup Kitchen and Night Shelter, serving food and talking to clients (2009 – 2010)
- Aqua aerobics and swimming
- The internet, particularly online bookshops

REFERENCES

Mrs Dora Herzog
Marketing Director
Educational Publishing Division
FADA Verlag
Grafenstrasse 15 – 20
60433 Frankfurt am Main
Tel: 0049 69 1234567
Fax: 0049 69 4567890

Mr Justin Winter
Publishing Director
OEP Publishing
Butterfield Park Road
Oxford OX4 5TY
Tel: 01234 345678

▸ Kommentar Seite 55

Zu den Unterlagen von Jens Vogelsang
Marketing in Großbritannien

In der vorliegenden Anzeige wird ein handgeschriebenes Anschreiben (*handwritten covering letter*) mit Angabe des aktuellen Gehalts verlangt. Eine Schriftprobe wird nur sehr selten verlangt, z. B. wenn grafologische Untersuchungen vorgenommen werden sollen. Die Ergebnisse solcher Tests sind übrigens sehr umstritten. Wird ein handgeschriebenes Anschreiben gefordert, dann tippen Sie am besten den Brief mit dem Computer vor und schreiben Sie danach in Ihrer schönsten Schrift ab. Zur Angabe des Gehalts (*current salary statement*) Folgendes: Durch die unterschiedlichen Steuer- und Sozialsysteme innerhalb Europas und in Übersee kann man kaum die heimischen mit amerikanischen oder britischen Gehältern vergleichen. Auch dies ist ein guter Anknüpfungspunkt für ein Sondierungsgespräch. Gehaltsfragen kann man am besten in einem Vorstellungsgespräch klären. Nun zur vorliegenden Bewerbung.

Herr Vogelsang hat einen eigenen kleinen Briefkopf entworfen und den **Cover Letter** mit der Hand geschrieben. Das Ganze sieht sehr professionell aus. In der vorliegenden Anzeige wird kein Ansprechpartner genannt, dennoch wird das Schreiben an den Personalchef mit Namen adressiert, sodass ein Sondierungsgespräch, in welcher Form auch immer, stattgefunden haben muss. Warum nicht der Inhalt dieses Gespräches als Einstieg in die Bewerbung gewählt wurde, ist nicht verständlich, insbesondere da die Einleitung wenig überzeugend ist. Besser hätte es Herr Vogelsang gemacht, wenn er die Anzeige in einer Betreffzeile erwähnt hätte, um das Anschreiben dann mit dem persönlich geführten Gespräch einzuleiten, z. B.:

> "RE: Your advertisement for a Marketing Executive in the Guardian
>
> Dear Mr. Sajita
>
> Having talked to you about the marketing strategy for Exeter Publishing's new TEFL programme, I am very excited about the advertised position. I am keen to be involved in building the new division from the very beginning and I believe the prospects of the new business are excellent. I am convinced my skills would be ideally suited for this challenging position."

Dieses Vorgehen wäre wesentlich persönlicher und auch überzeugender als ein Standardeinstieg.

Im zweiten Teil des ersten Abschnittes stellt sich der Kandidat nun in zwei Sätzen kurz selber vor. Dies gelingt Herrn Vogelsang als Verkäufer in eigener Sache auch sehr gut und macht den Leser neugierig auf den Lebenslauf. Auch der darauf folgende Abschnitt ist recht gelungen. Hier geht der Kandidat sehr geschickt auf den anzugebenden Gehaltswunsch ein. Schließlich kündigt Herr Vogelsang ein weiteres Gespräch an, in dem er schauen möchte, welchen Eindruck seine Unterlagen gemacht haben. Dies ist ein vollkommen selbstverständliches Vorgehen im Bereich Marketing. Ein Marketingspezialist muss Produkte verkaufen können, und wenn er sich selbst nicht verkaufen kann, was dann?

Der **Lebenslauf** bietet sich ebenfalls mit einem schönen und ansprechenden kleinen Briefkopf dar, der sich allerdings vom Cover Letter unterscheidet. Da die Anschrift im Cover Letter mit aufgenommen wurde, ist der Unterschied verzeihlich, macht aber gerade für einen Marketingfachmann keinen guten Eindruck. Besser ist es, den Briefkopf gleich zu belassen und die eigene Anschrift im Anschreiben über die Adresse des Adressaten zu setzen. Nur auf dem ersten Blatt des CV steht der Name des Bewerbers. Da ist die Gefahr groß, dass etwas durcheinanderkommt oder verloren geht. Besser ist es, auf jeder Seite des Lebenslaufes seinen Namen in der Kopf- oder Fußzeile anzugeben. Die Abkürzung DOB steht für *Date of Birth*.

Zum Inhaltlichen: Nach den persönlichen Angaben erfolgt eine Zusammenfassung der erworbenen Kenntnisse und Fähigkeiten in einer sogenannten *Skills Summary*. Die Zusammenfassung soll die Fähigkeiten und Kenntnisse auf den Punkt bringen und den Leser auf die einzelnen Positionen gespannt machen, in denen die Kenntnisse erworben wurden. Ein idealer Einstieg für einen mehrseitigen Lebenslauf. Der weitere Aufbau und auch der Inhalt des Lebenslaufes sind anschaulich gelungen. Für die ausgeschriebene Stelle ebenfalls sehr interessant ist die Tätigkeit als Lehrer, auch wenn diese nur wenige Monate dauerte. Zwischen 2007 und 2008 hat sich Herr Vogelsang beruflich neu orientiert und von der Schule ins Marketing gewechselt. Wäre der Berufswechsel in der jüngsten Vergangenheit vollzogen worden, hätte er im Anschreiben erklärt werden sollen. Nach mehreren Jahren Marketingerfahrung machen der Wechsel und die dahinter stehende Motivation nur neugierig. Sehr gut ist die Auflistung der Referenzen.

Einschätzung

Das Anschreiben könnte mit wenig Aufwand dynamischer wirken. Der Lebenslauf ist gelungen, aber mit leichten Formfehlern behaftet. Herr Vogelsang hat – insbesondere vor dem Hintergrund seiner Qualifikationen – sehr gute Aussichten, zu einem Interview eingeladen zu werden.

Internetadressen für Marketing und Wirtschaft

- Geförderte Weiterbildung und Auslandsaufenthalte für alle Wirtschaftler bietet die Deutsche Gesellschaft für Internationale Zusammenarbeit (GIZ) an.
  GIZ
  Friedrich-Ebert-Allee 40
  53113 Bonn
  Tel. 0221 4460-0
  Fax 0221 4460-1766
  www.giz.de

Einige größere Stellenbörsen mit vielen Möglichkeiten im Bereich Wirtschaft finden Sie im Anhang dieses Buches und eine Vielzahl weiterer Links im Internet per Schlagwortsuche. Sie können z. B. nach „work“, „job“, „employment“ ö. Ä. und dem gewünschten Land suchen. Daneben haben Sie die Möglichkeit, die Suche weiter einzuschränken, indem Sie ein weiteres Schlagwort einfügen und mit „and“ verknüpfen. In der Suchmaschine (z. B. Google oder Yahoo) könnten Sie z. B. eingeben: „employment and ireland and retail“. Wenn Sie die Reihenfolge oder Wörter ändern, ändert sich oft auch das Ergebnis – einfach mal spielen.

Klaus Maruzky • Hibbelsweg 78 • 80335 Muenchen
+49 89 000000 • Email: Kmaruzky@hotmail.com

February 15, 2012

Angela Eden
Personnel Director
Regency Hotels
101 Madison Avenue
New York 10314

Dear Ms Eden:

In the luxury hotel business, excellence in customer service sets you apart from your competitors. The high standards of Regency Hotels in this area are known the world over. After four years of providing outstanding customer service in the five-star Navos Hotel in Munich and Berlin, I believe my experience and qualifications would be of interest to your organization and I would like to enquire about possible opportunities in the new Regency Hotel in New York. I have enclosed a summary of my qualifications and experience on my accompanying resume.

I would welcome the opportunity to meet with you to discuss how my experience could be of value to the Regency Hotel and I look forward to hearing from you soon.

Sincerely

Klaus Maruzky

Enclosure

Klaus Maruzky • Hibbelsweg 78 • 80335 Muenchen
+49 89 000000 • Email: Kmaruzky@hotmail.com

OBJECTIVE: A customer service position in the hotel or leisure industry

SKILLS, KNOWLEDGE AND EXPERIENCE

Food and Beverages: Storage and monthly stock-taking, stock control, calculations and statistics for projecting consumption, book-keeping and calculating monthly income

Events Management: Coordination of departments involved in events, point of contact for seminar and conference delegates, booking, scheduling and costing of events including an international economic conference with 200 delegates and special security arrangements for VIP guests, liaison with members of the press, special promotional weeks

Restaurant / Bar: Banqueting service, management of breakfast service, bar and bistro management, staff supervision, excellent cocktail and wine knowledge

Front Desk: Reception duties, reservations, switchboard, cash and credit card transactions, concierge duties

Communication Skills: Good interpersonal skills, especially when dealing with difficult customers, able to resolve problems with tact and discretion

Computer Skills: MS Office, internet and email

Languages: Fluent German, excellent written and spoken English, good knowledge of French

WORK HISTORY

2011 – present **Assistant Manager, Bistro and Bar**
Navos Hotel Munich (5 star, 156 rooms)
Shift management of the Hotel Bistro, Lounge and Bar, supervising of service at banquets and large events

2010 – 2011 **Receptionist**
Goss House Hotel, London, England
Switchboard, reservations, reception, cash and credit card transactions, concierge duties

2009 – 2010 **Food and Beverage Trainee, temporary manager breakfast service**
Navos Hotel Berlin (5 star, 240 rooms)
Practical training in all aspects of hotel management

2008 – 2009 **Silver Service Waiter**
Navos Hotel Berlin
Restaurant and banqueting service, offered position as Food and Beverage Trainee

2006 – 2009 **Military Service, Officers Casino, Braunschweig**

1

Klaus Maruzky • Hibbelsweg 78 • 80335 Muenchen
+ 49 89 000000 • Email: Kmaruzky@hotmail.com

QUALIFICATIONS

2003 – 2006 **Restaurant / Catering Trainee**
Global Hotel Hamburg
Three-year apprenticeship consisting of practical training and theoretical coursework supervised by the German Chamber of Commerce

2006 **Trade exam in Catering**
Chamber of Industry and Commerce, Berlin

Certified Wine Adviser
Attended various training courses held by the German Institute for Fine Wines

HONORS

August 2008
5th prize (Restaurant Trade) in *International Vocational Training / Youth Skills Olympics Competition* held in Tokyo, Japan

May 2006
Winner of *German Restaurant Trade Youth Trainee Championship*

March 2006
Silver medal in *Hamburg County Restaurant Trade Youth Trainee Championship*

REFERENCES

Dr Dirk Loeterich
MD
Navos Hotel Munich
Effnerplatz 9
81234 Munich
Germany

Vanessa Ratton
Chief of Staff
Goss House Hotel
22-26 Essex Road
London N1 6EY
England

Zu den Unterlagen von Klaus Maruzky
Hotelgewerbe, USA

Das **Anschreiben** ist kurz, kommt aber auf den Punkt und verfehlt daher die gewünschte Wirkung nicht. Kürzer ist oft besser, wie man hier sieht. Die Einleitung ist originell und sehr schmeichelhaft für den Leser. Herr Maruzky scheint seinen Job zu verstehen. Der einzige vorhandene Absatz neben der Verabschiedung liest sich rund und schlüssig. Auch das Layout ist gelungen. Schön wäre die Ankündigung eines Nachhakens.

Der **Lebenslauf** ist nach amerikanischer Art im Stil eines *Functional Resume* aufgebaut. Die Qualifikationen sind breit gefächert und übersichtlich sowie überzeugend präsentiert. Ein *Objective* wäre nicht nötig gewesen, da der Lebenslauf klar und fokussiert aufgebaut ist. Auf der anderen Seite hält sich der Kandidat mit dieser allgemein gehaltenen Formulierung bewusst alle Türen zu einem guten Job in dem neu eröffneten Hotel offen. Überzeugend ist auch die Überschrift *Honors*, das gefällt den Amerikanern besonders gut.

Mit den angegebenen *References* wird die Bewerbung rund.

Einschätzung

Gelungen!

Internetadressen für Gastronomie

Deutsche Köche und gastronomische Fachkräfte mit einer soliden Ausbildung sind im Ausland sehr gefragt.

Hier einige interessante Internetseiten:

- *www.caterer.com*
- *www.starchefsjobfinder.com*
- *www.cooljobscanada.com*
- *www.foodinfonet.com*

Weitere Jobs per Schlagwortsuche im Internet. Vgl. S. 73 (IT) und S. 98 (Ingenieure).

HELMUT GORNY

TURMSTRASSE 14 • 28307 BREMEN • GERMANY • +49 421 1234567 • EMAIL: HGORNY@AOL.COM

January 21, 2012

Mrs Maria Newman
Director of Personnel
ACD & B Consulting and Management
113 Aruba Drive
Alamo
California 94000

Dear Mrs Newman:

I am very interested in the SAP Consulting position within the health industry that you advertised in the *New York Times*. I have been working as an SAP-Basis administrator at one of the biggest hospitals in Germany for over two years and am keen to progress my career further in this environment.

Relevant experience and knowledge includes:

- Five years' R/3 Basis experience
- In-depth knowledge of ABAP/4 and Informix database
- Various installations and maintenance of SAP R/3 systems within different environments
- Certified and experienced Unix administrator
- Familiar with working in an international environment

I would welcome the opportunity of a personal meeting to discuss how I can contribute to the further success of ACD & B.

In advance, thank you for your time and consideration.

Sincerely

Helmut Gorny

Helmut Gorny

Enclosure: Résumé

HELMUT GORNY

TURMSTRASSE 14 • 28307 BREMEN • GERMANY • +49 421 1234567 • EMAIL: HGORNY@AOL.COM

SKILLS SUMMARY

SAP:	ABAP / 4, Basis
DATABASE:	INFORMIX
SOFTWARE:	HP-UX, C^{++}, JavaScript, SGML, HTML, XML, INFORMIX-4GL
OPERATING SYSTEMS:	Unix, Vista, Win XP, Win 7
IT TOOLS:	ARIS-Toolset, MS-Project

PROFESSIONAL EXPERIENCE

March 2009 – Present **St Juergens Krankenhaus (Hospital), Bremen**
SAP Administrator

- Implementation and administration of all areas of SAP R / 3 ECC 6.2
- Leader of Basis team
- Further development and programming of R / 3
- Administration and performance tuning of Unix System and Informix database

January 2008 – February 2009 **Breussag AG (Steel Industry), Berlin**
SAP Contract Work

- Implementation SAP R / 3 ECC 6.0 for five divisions in four countries (Germany, Belgium, France and Holland) at HP-UX central system
- Database administration INFORMIX
- Assisted in determining roles, policies and procedures for post-consulting management

March 2007 – December 2007 **Sieberls AG (Food Industry), Berlin**
SAP Contract Work

- SAP R / 3 ECC 5.0
- Designed SAP interfaces
- Used UNIX scripting SAP interfaces

May 2005 – March 2006 **Helmut's Fahrrad Shop, Berlin**
Owner and Manager

- Managed all aspects of bicycle retail business
- Employed two full-time sales staff and a part-time mechanic

EDUCATION

May 2005 – February 2006 **TECHDA, Berlin**
SAP R/3 training
Modules covered Basis and ABAP / 4

September 2004 – March 2005 **TECHDA, Berlin**
Unix/C training

July 1997 – Aug 2004 **Cologne University**
MSc Mechanical Engineering (Diplom-Ingenieur)

HOBBIES

Running marathons, the Internet, swimming and soccer

REFERENCES

Available on request

Zu den Unterlagen von Helmut Gorny
SAP/ERP-Beratung in den USA

Das **Anschreiben** wirkt auf den ersten Blick sehr kurz, klar und übersichtlich. Die Formalien entsprechen dem Standard. Der Text ist recht einfach gehalten und Herr Gorny verwendet in der Einleitung und Verabschiedung Standardformulierungen. Es hat leider kein Telefonat stattgefunden. Allerdings werden in wenigen Sätzen die wichtigsten Punkte angesprochen. Die kleine Aufzählung macht neugierig auf den Lebenslauf mit der detaillierteren Darstellung der Fähigkeiten und Kenntnisse von Herrn Gorny. Insgesamt ein Anschreiben mit wenig Esprit und Zeichen von Individualität, aber kurz, klar und übersichtlich. Eine Kopiervorlage für alle, die Probleme beim Formulieren eines Anschreibens haben.

Der **Lebenslauf** ist ebenso wie das Anschreiben sehr knapp gehalten, kommt aber gleichfalls auf den Punkt, und die wichtigen Informationen werden geliefert. Der Kandidat benutzt nach der Darstellung seiner persönlichen Daten eine knappe Darstellung seiner Schlüsselkenntnisse (*Skills Summary*). Das Vorgehen, eine *Skills Summary* zu verwenden, bietet große Vorteile, wenn Bewerbungen automatisch in eine E-Recruiting-Lösung geladen werden (parsing) (vgl. Antje Karst, *Scannable Resume,* ab S. 79). (Falls gescannt wird, d. h., Sie verschicken eine ausgedruckte Version Ihrer Bewerbung, sollten die Überschriften jedoch nicht unterstrichen werden.)

Danach erfolgt eine detailliertere Auflistung der Arbeitserfahrungen. Problematisch ist dieser Lebenslauf, weil der Erwerb einiger Kenntnisse nicht weiter erläutert wird und der Leser daher nichts darüber erfährt, wie stark oder schwach die einzelnen Fähigkeiten ausgeprägt sind.

Im Vorstellungsgespräch wird auf jeden Fall der Bruch im Lebenslauf hinterfragt werden, als der Kandidat sich selbstständig im Fahrradgeschäft versucht hat.

Einschätzung

Ein schlichtes, wenig individuelles Anschreiben ohne Schnörkel und Pep, aber mit klarer und knapper Aufzählung. Im Lebenslauf setzt sich dieser Eindruck fort. Die wichtigen Daten / Fakten werden klar und übersichtlich dargelegt.

Internetadressen

Vgl. S. 73 (IT).

CARSTEN GOLDBACH

EULENSTRASSE 44, 22765 HAMBURG, GERMANY TEL: +49 40 12345678 EMAIL: GOLD@GMX.DE

February 17, 2012

Mr Philipp Miller
Communications Director
Education and Training Online
Penelope Buildings, 3rd Floor
Indianapolis IN 46254
Indiana

Dear Mr. Miller:

I was very excited to read in 'Internet today' that due to your recent merger with LMN Publishing PLC you are looking to expand your online presence with additional features such as online shopping and email promotions. Your website already has a very high profile and I'm certain that my skills in the field of website project management and hands-on programming and design can contribute significantly to enhancing your online profile and expanding your customer base. I have spoken to your secretary Mrs Hagman, who suggested that in the first instance I contact you in writing.

My most recent accomplishments as a website manager are:

- Researched and introduced ASP scripts to the GenerationX website, delegating the updating of the content of website pages to the relevant departments. This enabled me to spend more time on site development and strategy, resulting in a more customer-friendly website.

- Initiated recent 'Screensaver' campaign:
  Commissioned four international artists to design screensavers and publicized this in email. Logos and links to sponsors' websites were displayed next to download button and sponsors donated 0.10 € to GenerationX every time a screensaver was downloaded. The campaign was featured in 'Online' and 'Marketing for tomorrow' magazines, was entered into this year's Marketing 2011 Awards and generated 5,000 € within four weeks of running.

I will call you next week to talk about the opportunity of a face-to-face meeting to discuss how I can contribute to making your new website a success.

Sincerely

Carsten Goldbach

Carsten Goldbach

CARSTEN GOLDBACH

EULENSTRASSE 44, 22765 HAMBURG, GERMANY TEL: +49 40 12345678 EMAIL: GOLD@GMX.DE

RECENT WEBSITE MANAGEMENT EXPERIENCE

GenerationX
Website Manager
November 2008 – present (Promotion first to temporary Website Producer, then promoted to permanent Website Manager)

WWW.GENERATIONX.DE WWW.GENERATIONXSPORTS.DE

- Turned existing website around from pure information to campaigning, fundraising and merchandising tool
- Management of and final responsibility for both GenerationX' websites
- Originated and developed 'Screensaver' campaign and sold idea to sponsors
- Set up strategic planning of comprehensive and coherent internet strategy to complement and enhance effectiveness of GenerationX PR, campaigning and marketing strategy
- Monitored performance of website and reduced response time to successes and failures
- Created website-user feedback program and ensured appropriate actions were taken to enhance ease of use, resulting in improved customer satisfaction
- Managed redesign of existing website: set up free pitches by reputable internet design agencies and managed redesign process through to on-target delivery of far superior product
- Managed budget and optimized return on website investment
- Chaired organizational website editorial board and implemented organizational objectives in line with website activity
- Set up networking group of website managers within the sector to discuss and find solutions to common problem areas
- Collaborated with internal Information Strategy Steering Group to ensure best use of new technologies
- Developed and implemented website guidelines to make website accessible to disabled users and evaluated feedback on changes from disabled users
- Lectured on 'Website Effectiveness: How to reach your customers' to corporate companies and at marketing seminars for new businesses
- Created new pages, currently devolving responsibility of page upkeep to relevant departments to ensure effective and up-to-date communications
- Oversaw out-sourcing of online shop and credit card donation facility by external secure servers

WEBSITE TOOLS

Hard coding in HTML
Macromedia Dreamweaver
Adobe Photoshop
Fireworks
Flash
Allaire
Implementation of basic CGI (PERL) scripts on UNIX-based web server
Implementation and modification of ASP scripts on NT IIS
Experience of both Macs and PCs

PRIOR EMPLOYMENT HISTORY

GenerationX
Customer Services and Database Executive
March 2007 – October 2008

- Provided management information to fund-raising team
- Manipulated database to produce relevant information
- Created MS Access-based communication log to monitor client contacts from call centre
- Liaised with internal clients to identify their requirements for database and ensure effective long-term solutions

Freenet PLC
Technical Support Representative
January 2006 – February 2007

- Front end technical support for dial-up customers
- Solved customers' technical problems
- Worked with PCs and Macs using all common Internet applications

Denick Telecommunications
Customer Services Executive
January 2005 – December 2005

- Provided effective customer care via telephone, email, and postal correspondence
- Responsible for accurate data entry
- Contributed to new customer care program

EDUCATION

Bachelor of Arts (Vordiplom)
Wuppertal University
January 2001 – December 2004
English and History

REFERENCES

Klaus Wegener
PR Director
GenerationX
Groppenbrucher Strasse 45-49
22788 Hamburg
Germany
Tel: +49 40 34567890
Fax: +49 40 45678901

Frederik von Schaefen
Head of Customer Services
Freenet PLC
Doerwer Strasse 17
22555 Hamburg
Germany
Tel: +49 40 56789012
Fax: +49 40 78901234

CARSTEN GOLDBACH

EULENSTRASSE 44, 22765 HAMBURG, GERMANY TEL: +49 40 12345678 EMAIL: GOLD@GMX.DE

 ▶ Kommentar Seite 69

RECENT WEBSITE MANAGEMENT EXPERIENCE

GenerationX
Website Manager
November 2008 – present (Promotion first to temporary Website Producer, then promoted to permanent Website Manager)

WWW.GENERATIONX.DE WWW.GENERATIONXSPORTS.DE

- Turned existing website around from pure information to campaigning, fundraising and merchandising tool
- Management of and final responsibility for both GenerationX' websites
- Originated and developed 'Screensaver' campaign and sold idea to sponsors
- Set up strategic planning of comprehensive and coherent internet strategy to complement and enhance effectiveness of GenerationX PR, campaigning and marketing strategy
- Monitored performance of website and reduced response time to successes and failures
- Created website-user feedback program and ensured appropriate actions were taken to enhance ease of use, resulting in improved customer satisfaction
- Managed redesign of existing website: set up free pitches by reputable internet design agencies and managed redesign process through to on-target delivery of far superior product
- Managed budget and optimized return on website investment
- Chaired organizational website editorial board and implemented organizational objectives in line with website activity
- Set up networking group of website managers within the sector to discuss and find solutions to common problem areas
- Collaborated with internal Information Strategy Steering Group to ensure best use of new technologies
- Developed and implemented website guidelines to make website accessible to disabled users and evaluated feedback on changes from disabled users
- Lectured on 'Website Effectiveness: How to reach your customers' to corporate companies and at marketing seminars for new businesses
- Created new pages, currently devolving responsibility of page upkeep to relevant departments to ensure effective and up-to-date communications
- Oversaw out-sourcing of online shop and credit card donation facility by external secure servers

WEBSITE TOOLS

Hard coding in HTML
Macromedia Dreamweaver
Adobe Photoshop
Fireworks
Flash
Allaire
Implementation of basic CGI (PERL) scripts on UNIX-based web server
Implementation and modification of ASP scripts on NT IIS
Experience of both Macs and PCs

PRIOR EMPLOYMENT HISTORY

GenerationX
Customer Services and Database Executive
March 2007 – October 2008

- Provided management information to fund-raising team
- Manipulated database to produce relevant information
- Created MS Access-based communication log to monitor client contacts from call centre
- Liaised with internal clients to identify their requirements for database and ensure effective long-term solutions

Freenet PLC
Technical Support Representative
January 2006 – February 2007

- Front end technical support for customers
- Solved customers' technical problems
- Worked with PCs and Macs using all common Internet applications

Denick Telecommunications
Customer Services Executive
January 2005 – December 2005

- Provided effective customer care via telephone, email, and postal correspondence
- Responsible for accurate data entry
- Contributed to new customer care program

EDUCATION

Bachelor of Arts (Vordiplom)
Wuppertal University
January 2001 – December 2004
English and History

REFERENCES

Klaus Wegener
PR Director
GenerationX
Groppenbrucher Strasse 45 – 49
22788 Hamburg
Germany
Tel: +49 40 34567890
Fax: +49 40 45678901

Frederik von Schaefen
Head of Customer Services
Freenet PLC
Doerwer Strasse 17
22555 Hamburg
Germany
Tel: +49 40 56789012
Fax: +49 40 78901234

▸ Kommentar Seite 69

Zu den Unterlagen von Carsten Goldbach
Website Management in den USA

Der Einstieg in das **Anschreiben** ist bemerkenswert und zeugt von sehr viel Enthusiasmus und Interesse an der angeschriebenen Firma. Dabei wirkt es sehr professionell, dass in der Einleitung LMN Publishing im Mittelpunkt steht und die Betonung nicht auf den Interessen der eigenen Person liegt. Gelungen ist auch der Übergang zur Selbstpräsentation, indem das Gespräch mit der Sekretärin erwähnt wird.

Die Darstellung der eigenen Fähigkeiten anhand von zwei ausgewählten und herausragenden Leistungen ist ebenfalls sehr geschickt. Herr Goldbach beachtet außerdem, dass im englischsprachigen Raum das Komma und der Punkt bei der Dezimalschreibweise der Zahlen umgekehrt verwendet werden: Mit einem Komma werden die Tausender getrennt und mit dem Punkt die Nachkommabeträge. Der Schlusssatz des Anschreibens ist eher eine Standardverabschiedung, aber es wird noch ein Nachfassen angekündigt. Im Ganzen ein sehr souveränes Anschreiben.

Der **Lebenslauf** fällt zunächst durch sein außergewöhnliches Layout auf. Ein DIN-A3-Bogen wird in der Mitte gefaltet und so entsteht eine DIN-A4-Mappe mit vier Seiten. Ein solches Vorgehen hat sich in den USA weitgehend durchgesetzt. Auch in anderen englischsprachigen Ländern scheint sich die Vorstellung, wie eine Bewerbung auszusehen hat, zu lockern. Neben dem außergewöhnlichen Layout verwendet Herr Goldbach auch noch hochwertiges, dezent gefärbtes und marmoriertes Papier. Die erste Seite dient als Deckblatt mit der eigenen Anschrift und eventuell der angestrebten Position. Seite zwei, drei und vier sind für den Resume vorgesehen. Die vierte Seite kann aber auch für Referenzen genutzt werden, oder sie bleibt, wie im vorliegenden Fall, einfach frei. Wichtig: Die Gestaltung einer Mappe lohnt sich nur für einen mindestens zweiseitigen Resume.

Inhaltlich hat uns der vorliegende Resume ebenfalls sehr angesprochen. Es handelt sich um einen chronologischen Lebenslauf, wobei deutlich wird, dass Herr Goldbach einen Berufswechsel vorgenommen hat. Dieser wird im Lebenslauf sehr transparent dokumentiert. Der Fokus liegt ganz klar auf der letzten Position, welche auf einer eigenen Seite und sehr detailliert dargestellt wird. Die weiteren Tätigkeiten vor dem Berufswechsel finden entsprechend weniger Raum. Durch den Aufbau des Resume geht somit klar hervor, in welche Richtung sich der Kandidat beruflich weiterentwickeln möchte. Die Angabe eines *Career Objective* ist überflüssig.

Auch gut hat uns gefallen, dass Herr Goldbach in einem eigenen kleinen Absatz darstellt, mit welchen Werkzeugen er sich im Bereich der Internetpräsentation auskennt.

Problematisch ist die simple Gleichstellung von dem *Bachelor of Arts* mit dem Vordiplom. Die offizielle Stellungnahme hierzu ist, dass das deutsche Vordiplom die Zulassung zum letzten Jahr eines Bachelor-Abschlusses ist. Beispielsweise könnte man das so beschreiben: „intermediate exam for bachelor / master degree". Auch könnte man seinen Abschluss aufwerten und schreiben: „Vordiplom in English and History (degree similar to Bachelor of Arts)".

Einschätzung

Eine sehr gelungene Bewerbung. Herr Goldbach hat beste Aussichten, eine ansprechende Position in dem gewünschten Bereich zu finden.

Internetadressen

Vgl. S. 73 (IT).

MARTIN KLINGE

Godenheide 7, 44357 Dortmund
Tel: +49 231 334567, Email: martin.klinge@gmx.de

Mr Peter Wilson
Linet Computer Recruitment
The Old Steine
Brighton BN4 5TY

24 January 2012

Dear Mr Wilson

I have seen adverts from your agency in 'Computer Weekly' and 'IT Specialist' magazines and spoke to your colleague Ms Miller last week regarding an advert for a Support Specialist in Brighton. Ms Miller told me the advertised position had been filled, but suggested that I send in my CV in case a suitable position becomes available in the future.

As you can see from my enclosed CV, my main experience lies in the areas of AIX support and I would be looking forward to build on my skills in this area. I would like to work within commuting distance from Brighton and hope you will have a suitable position available in the near future.

Please do not hesitate to contact me should a suitable vacancy arise, or if you have any further questions about my CV.

Yours sincerely

Martin Klinge

Enclosure

 Kommentar Seite 73

CURRICULUM VITAE

PERSONAL DETAILS

Name:	Martin Klinge
Address:	Godenheide 7 44357 Dortmund
Tel:	+49 231 334567
Email:	martin.klinge@gmx.de
D.O.B:	6 May 1978

EMPLOYMENT

AIX SUPPORT SPECIALIST
Harmann Systems Support, Duisburg
January 2010 – present

My role in this position involved providing support to a number of customers throughout Germany, running a variety of IBM eServer and AIX systems and covering a number of sectors from the retail to the travel industry.

Support covered all aspects of AIX including:

- New installations
- Migrations
- Disaster recovery
- Networking problems

AIX SUPPORT SPECIALIST
Alpha Food and Wine, Essen
November 2007 – December 2009

My main responsibility in this role was to support a new POS system that was in the process of being introduced to over 400 sites. The support structure revolved around a 24-hours a day manned operation consisting of four teams of support specialists. I was a team leader of one of these teams. The new POS system involved an IBM eServer at each site along with PC Servers and POS clients.

Support involved:

- Supporting the eServers and AIX at each site
- Supporting applications and shell scripts running on AIX which controlled the back office operation
- Supporting the mission critical software on the POS servers which controlled the front end operation

AIX SUPPORT SPECIALIST
Gamma Systems, Bielefeld
November 2003 – October 2007

My main role in this position was to support Gamma's wide range of AIX customers in Germany. These included a number of large banks and retail houses whose systems ranged from SMP machines to SP / 2s as well as many smaller customers running on all varieties of RS / 6000 systems.

Areas of Expertise:

- AIX v 5.2, v 6.1 and v 7.2 basic operating system
- Communications: TCP / IP, NFS, routing
- Network and performance problem determination
- General system problem determination
- System disaster recovery
- Printer configuration and troubleshooting
- System installation, configuration and maintenance
- AIX connections (NETBIOS and IPX / SPX for AIX)
- Internet: firewall, web servers, DNS
- RS / 6000 and eServer p5 hardware, SP / 2, RAID, SSA disk systems

I gained my AIX Advanced Technical Expert certification during the course of this employment.

COURSES

AIX User
AIX Administration
AIX Advanced Administration
TCP / IP Administration and Configuration
SP / 2 Implementation and Planning
SP / 2 Advanced Administration
HACMP Installation and Planning

CERTIFICATIONS

IBM Certified:

- AIX Advanced Technical Expert
- AIX V 5.2 Administration
- AIX V 5.2 Installation and Recovery
- AIX V 5.2 Problem Determination
- AIX V 5.2 Performance and System Tuning

EDUCATION

MARBURG UNIVERSITY
September 1997 – July 2003

Diplom in Computer Science (equivalent to Master's Degree)

Vordiplom in Computer Science (equivalent to Bachelor's Degree)
Studies included economics as second subject

 Kommentar Seite 73

Zu den Unterlagen von Martin Klinge
IT-Support in Großbritannien

Herr Klinge bewirbt sich bei einer Arbeitsvermittlung um eine seinen Qualifikationen entsprechende Position. Für diese Art der Bewerbung ist das **Anschreiben** sehr sinnvoll.

Die Einleitung ist höflich und formvollendet. Im zweiten Absatz stellt Herr Klinge seine Wünsche hinsichtlich der Beschäftigung dar. Für die Bewerbung bei einem Arbeitsvermittler ist dieses Vorgehen sehr wichtig. Herr Klinge möchte nur ausgewählte Angebote erhalten. Auch das ist ihm durchaus gelungen und bei seinen Qualifikationen ist klar, dass er ein heiß begehrter Kandidat ist.

Den Lebenslauf und auch das Anschreiben in leicht geänderter Form (die Einleitung betreffend) wird Herr Klinge an mehrere *Recruitment Agencies* verschicken können, was die Chance erhöht, den gewünschten Job zu bekommen.

Der **CV (Curriculum Vitae)** ist ein gutes Beispiel für einen erfolgreichen chronologischen Aufbau. Er ist übersichtlich und verdeutlicht gut die Tiefe des vorhandenen Wissens. Der *Master of Computer Science* lässt auf ein umfassendes theoretisches Hintergrundwissen schließen.

Es fehlen die *References.*

Einschätzung

Rundherum gelungen.

Internetadressen zum weitläufigen Thema IT

Die internationale Jobsuche ist aufgrund der noch immer starken Nachfrage nach IT-Fachkräften relativ einfach. Generell ist die Suche per Suchmaschine ähnlich wie bei Ingenieuren sinnvoll (vgl. S. 98). Allerdings müssen die Schlagwörter natürlich an die eigenen Hauptqualifikationen angepasst werden, z. B. „Oracle and job and Australia“ oder „Java and employment and USA“ etc. Suchen Sie nach spezialisierten Stellenbörsen und den Homepages der für Sie interessanten Unternehmen.

Hier einige Beispiele für spezialisierte Stellenmärkte:

- *www.jobserve.com* (größte europäische IT-Stellenbörse)
- *www.jobpilot.de*
- *www.monster.co.uk*
- *www.prgjobs.com*
- *www.trademe.co.nz/jobs/it*
- *www.stepstone.de*

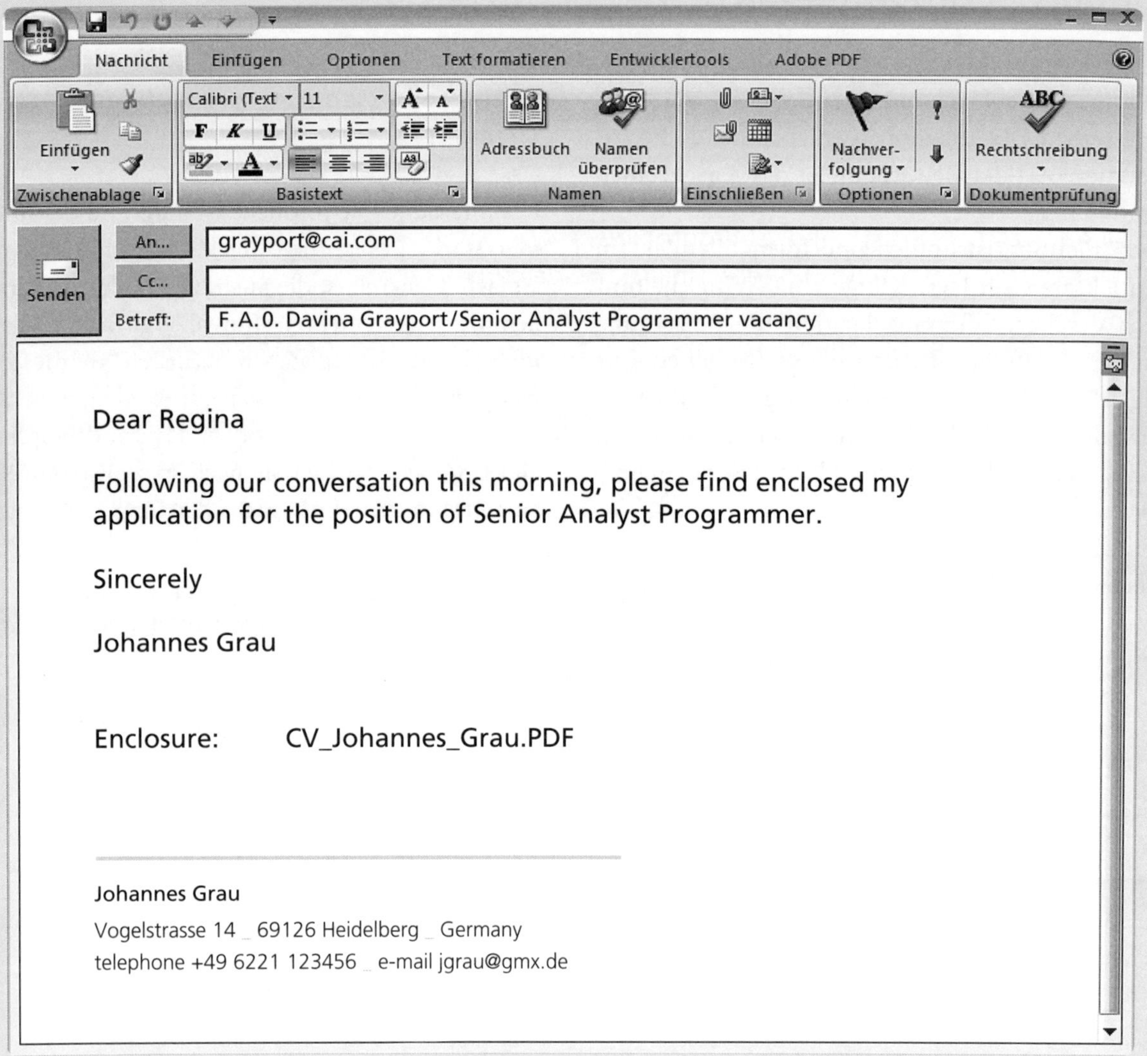

An... grayport@cai.com

Cc...

Betreff: F. A. 0. Davina Grayport/Senior Analyst Programmer vacancy

Dear Regina

Following our conversation this morning, please find enclosed my application for the position of Senior Analyst Programmer.

Sincerely

Johannes Grau

Enclosure: CV_Johannes_Grau.PDF

Johannes Grau
Vogelstrasse 14 _ 69126 Heidelberg _ Germany
telephone +49 6221 123456 _ e-mail jgrau@gmx.de

Johannes Grau

Vogelstrasse 14 • 69126 Heidelberg • Germany • telephone +49 6221 123456 • e-mail jgrau@gmx.de

Employment History

June 2011 – present

Analyst Programmer
Tako Lebensmittel, Heidelberg

- Maintenance of Tako's food warehouse tracking system, creation of new forms and reports, performance tuning.
- Designing Oracle data-warehousing solution for analysis of financial information incorporated with current financial software.

May 2010 – May 2011

Senior Software Engineer
German Radar Systems (GRS), Frankfurt am Main

- Created Oracle Developer Fault Recording and Corrective Action System to enable controlled development of radar systems. This allowed engineers to trace pattern faults to specific hardware.
- Responsible for co-ordinating export of data to European partner companies and the realignment of imported data with master database.

April 2009 – May 2010

Technical Consultant
Fasola Systems, Frankfurt am Main

- Responsible for designing and implementing food-tracking system for Gaso Supermarkets and integrating this with overall information system designed in Oracle and Visual Basic.
- Created ConText solution for textual information storage and retrieval system.
- Designed database software to provide electronic method of auditing store information and providing automatic document creation.
- Carried out user training.

Nov 2007 – March 2009

Test Engineer
ITSO Telecommunications, Cambridge

- Testing of low-level telecommunication modules.
- Repair of various telecommunication sub-assemblies.

Sept 2003 – Sept 2007

Electronic Engineer
German Radar Systems (GRS), Frankfurt am Main

- Design of high-speed analog and digital test equipment.
- Test and repair of radar sub-assemblies.

Academic History

Sept 2008 – Sept 2009	MSc Information Technology (Systems & Software) Cambridge University

Subjects

- Computer Systems
- Information Systems
- Object Orientated Design and Programming (Java)
- Systems Analysis and Design
- Human Computer Interaction
- Software Design and Implementation
- Operating Systems
- Relation Database Management Systems (RDBMS)
- Microcomputer Interfacing and C

Projects

- Website design for European Museums Association (EMA)
- Online database for European Museums Association (EMA)

Sept 2003 – June 2007	BSc Electrical and Electronic Engineering (with distinction) Frankfurt University
Aug 1997 – June 2003	High School Diploma (German Abitur) Heinrich Heine High School, Frankfurt

Final exams in: Maths, English, Physics, History [BBBC]

Computer Skills

Languages:	Java, C, Pascal, PL / SQL, HTML
Operating Systems:	Windows (XP, 7), MacOS, Unix
Applications:	Oracle (Developer, Designer, Discoverer), Word, Access, Excel, PVCS, TOAD, Macromedia Flash

Hobbies

Member of Heidelberg Amateur League Basketball Team, hiking, rock-climbing

References available upon request

▸ Kommentar Seite 77

Zu den Unterlagen von Johannes Grau
Programmierung in den USA, *Scannable Resume I (Parsing)*

Anstelle eines langen **Anschreibens** verfasst der Kandidat eine kurze E-Mail, in der er auf ein vorangegangenes Telefonat Bezug nimmt. Seine Unterlagen verschickt er im Anhang (zu E-Mail-Bewerbungen siehe auch die Bewerbung von Antje Karst ab S. 79).

Bei dem **Lebenslauf** handelt es sich um einen chronologischen Resume mit vielen grafischen Elementen. Der Aufbau ist durchaus gelungen und übersichtlich. Allerdings wird der vorliegende Lebenslauf von einem Arbeitsvermittler mittels Parsing in eine digitale Datenbank überführt. Dieses Vorgehen ist nunmehr auch in Deutschland gängige Praxis und in den USA und Großbritanien Standard. Vor allem Arbeitsvermittlungen, aber auch große amerikanische und britische Firmen benutzen dieses Hilfsmittel. Der Computer erkennt beim automatischen Einlesen digital übermittelter Dokumente, aber auch beim Einscannen von per Post verschickten Unterlagen (z. B. PDF-Dokumente) bestimmte Schlüsselworte und ordnet diese dem Kandidaten in einer Datenbank automatisch zu. Scanner sind darauf programmiert, nach aufgelisteten Begriffen zu suchen. Sie erkennen keine Umschreibungen. Von moderner Software werden nicht nur fachliche Qualifikationen wie z. B. *MBA, Retail, Sales, Customer Services, Microsoft Office, C++, Unix, Member of Yachts International* erkannt. Es lohnt sich auch, ‚weiche' Schlüsselbegriffe wie *outgoing personality, teamplayer, self-motivated* anzugeben. Bezüglich der fachlichen Qualifikationen gilt es, möglichst viele und eindeutige Begriffe aufzuführen, denn Ihr Ziel ist es, dass Ihre Bewerbung einem bestimmten gewünschten Stellenprofil in der Datenbank zugeordnet wird. Es hat sich sehr bewährt, unter einer einleitenden Überschrift wie etwa *Skills Summary* die wichtigsten Schlüsselbegriffe aufzulisten.

Deshalb sollten Sie in Ihrem Sondierungsgespräch erfragen, ob die Bewerbungen digital weiterverarbeitet bzw. eingescannt werden. Für diesen Fall lohnt es sich, einen Resume anders aufzubauen, damit der Computer unmissverständlich mit den richtigen Schlagworten gefüttert wird. Das Scannen von Anschreiben ist übrigens unüblich.

Wird man Ihren CV einscannen und Sie verschicken Ihre Unterlagen per Post, sollten Sie Folgendes beachten (bei via E-Mail verschickten Unterlagen brauchen Sie dies nur teilweise zu beachten):

- Benutzen Sie unbedingt weißes Papier;
- bedrucken Sie dieses nur einseitig;
- verwenden Sie am besten einen Laserausdruck mit einem klaren, schnörkellosen, gut lesbaren Schriftbild, bei dem das ‚r' nicht den nächsten Buchstaben berührt und somit vom Scanner nicht fälschlicherweise als ‚n' interpretiert werden kann (Times New Roman, Courier, Helvetica, Futura o. Ä.);
- die Schriftgröße sollte mindestens 10 Punkt betragen;
- für Überschriften können Sie fette Schriftzeichen, Großbuchstaben oder einen größeren Schriftgrad wählen;
- benutzen Sie keine Sonderzeichen oder Kästchen, Symbole o. Ä. für Aufzählungen oder Markierungen;
- benutzen Sie keine Tabellen oder zwei- / mehrspaltigen Text (die Scannersoftware kommt damit nicht klar!);
- halten Sie das Design des Lebenslaufes möglichst einfach;
- Name und Anschrift gehören oben auf jede Seite des CV. Schreiben Sie Ihre Adressangaben entweder untereinander oder aber mit genügend Zwischenraum (ca. vier bis sechs Leerzeichen);
- der Lebenslauf wird nicht geheftet oder gelocht.

Die Probleme des vorliegenden Lebenslaufes im Einzelnen:

- Es werden zu viele grafische Elemente verwandt, die für das menschliche Auge zwar schön sind, für einen Scanner aber unlösbare Probleme darstellen.
- Die Schrift ist recht gut gewählt, könnte aber klarer sein. Bei Lebensläufen, die definitiv gescannt werden, sollte man auf ein allzu ausgefallenes Layout verzichten und klassische Schriften wie Times New Roman oder Courier verwenden.

- Der Name ist in verschnörkelter Schrift dargestellt, der Briefkopf fehlt auf der zweiten Seite ganz.
- Jahreszahlen wurden untereinander und nicht nebeneinander geschrieben.
- Der Kandidat verwendet Sonderzeichen für die Aufzählung.
- Schließlich werden die *Subjects* zweispaltig dargestellt, auch hiermit hat der Computer seine Schwierigkeiten.

Darüber hinaus sollte man bedenken, dass die Amerikaner eine eigene Standardgröße für Briefe haben. Diese unterscheidet sich vom DIN-A4-Format dadurch, dass sie ein wenig kürzer und breiter ist. Achten Sie somit bitte darauf, dass keine wichtigen Begriffe unten auf dem Bogen stehen. Die genauen amerikanischen Standardmaße betragen: (B) 215,9 mm x (H) 279,4 mm anstelle von (B) 210 mm x (H) 297 mm (DIN A4).

Einschätzung

Ein recht anschaulicher Lebenslauf aus der Sicht eines Personalers, aber für den Scanner eine kleine Katastrophe.

Internetadressen

Vgl. S. 73 (IT).

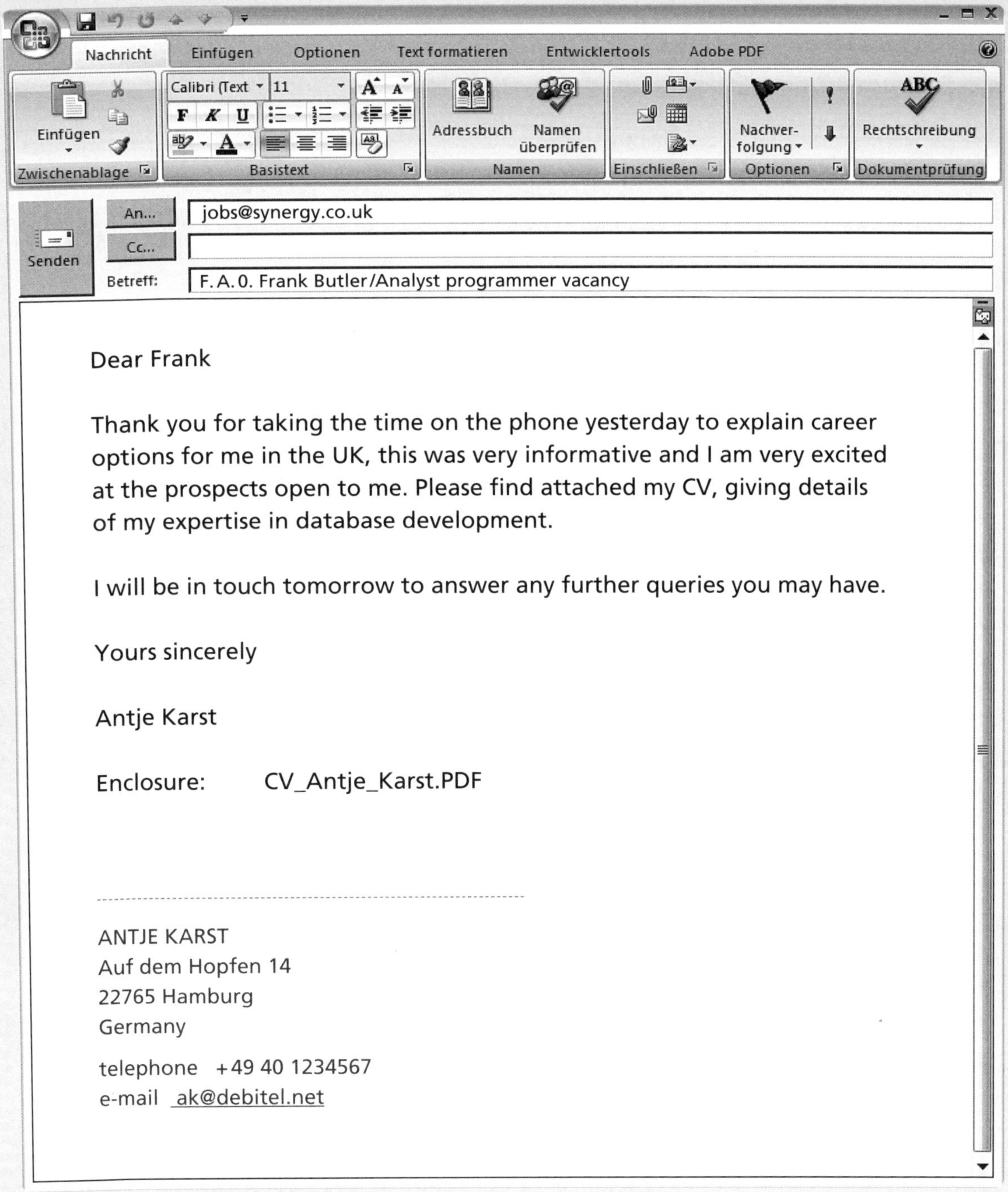

An... jobs@synergy.co.uk

Cc...

Betreff: F. A. 0. Frank Butler/Analyst programmer vacancy

Dear Frank

Thank you for taking the time on the phone yesterday to explain career options for me in the UK, this was very informative and I am very excited at the prospects open to me. Please find attached my CV, giving details of my expertise in database development.

I will be in touch tomorrow to answer any further queries you may have.

Yours sincerely

Antje Karst

Enclosure: CV_Antje_Karst.PDF

ANTJE KARST
Auf dem Hopfen 14
22765 Hamburg
Germany

telephone +49 40 1234567
e-mail ak@debitel.net

ANTJE KARST

Auf dem Hopfen 14
22765 Hamburg
Tel: +49 40 1234567
email: ak@debitel.net

SKILLS SUMMARY

Oracle 11g / 9.x / 8.x, Developer 11g / 2000, Designer 11g / 6.x / 2.1.2, SQL, PL/SQL, Forms 11g / 6.x / 5.0 / 3.0, Reports 11g / 3.0, TOAD.

COBOL, CICS, DB2, RPG/AS400, Microsoft Office.

Excellent communication skills, good teamworker, self-motivated.

EMPLOYMENT HISTORY

ANALYST PROGRAMMER

IT SOLUTIONS GMBH, HAMBURG
Jan 2007 to present

Used Willow, an ERP solution for the vehicle leasing industry, using up to date Oracle, Developer and Designer tools, and gained in-depth understanding of Willow database.
Utilised and improved my Oracle skills in preparation for working on implementation sites.
Developed reports using Reports Developer and generated basic forms using Oracle Designer and Forms Developer. Developed reports and parameter forms for Willow.
Developed PL/SQL scripts to convert data from the existing system into the Willow database.
Repaired and developed enhancements to database and forms to meet customer specifications.
Liaised with the client in order to gain an understanding of the existing database.

ERGONOMICS CONSULTANT

ERGONOMIC SOLUTIONS GMBH, BIELEFELD
Jan 2004 to Dec 2006

Worked for the largest ergonomics consultancy in Europe, dealing specifically with ergonomics in transport, industry and consumer goods. Involved in both long-term research projects and short-term consultancy work to enhance the safety, comfort and performance of the relevant project areas.

Demonstrated excellent organisational, time management and interpersonal skills. Projects required accurate and meticulous planning as well as continuous and effective liaison with clients, users and the general public to ensure that deadlines were met and research data was accurate. Enabled me to become involved in litigation where I was required to aid ergonomists, acting as expert witnesses, to investigate the claims of both plaintiffs and defendants.

 ▸ Kommentar Seite 82

ANTJE KARST - PAGE TWO

TRANSMISSION ENGINEER
BIELEFELD TELECOMS, BIELEFELD
Jan 1993 to Dec 2000

Initially employed to do a three-year apprenticeship covering a cross-section of engineering practices, including in-house courses. Permanent employment offered after successful completion of the apprenticeship. Specialised in outside broadcasting. Duties included installation and maintenance of video and audio transmission networks for all major media companies to meet broadcasting deadlines. Also involved in the daily control of the national TV network, responsible for setting up transmission paths, both nationally and internationally as well as maintaining the transmission quality of these paths.

A large part of my work was project based. This taught me the importance of teamwork and was further reinforced by group work undertaken at university. It was important to communicate at all levels to ensure good co-ordination of resources and effective problem solving.

FURTHER TRAINING

BIELEFELD UNIVERSITY, BIELEFELD
Oracle Application Development
PL/SQL, SQL*Plus, SQL*Loader

EDUCATION

BSc HONS 2.1 INFORMATION TECHNOLOGY
BIELEFELD UNIVERSITY, BIELEFELD
2000 to Dec 2004

My main field of study was Information Technology and Human Factors.

Zu den Unterlagen von Antje Karst
Programmierung in Großbritannien, *Scannable Resume II (Parsing)*

Die Bewerberin verschickt ihre Unterlagen per E-Mail (vgl. Verschicken der Unterlagen, S. 149). Der Lebenslauf wird als Attachment an die E-Mail gehängt. Hieraus ergibt sich ein relativ großer gestalterischer Spielraum. Auch in diesem Fall wurde in einem Sondierungstelefonat herausgefunden, dass der Lebenslauf in eine E-Recruiting-Lösung überführt wird.

Die E-Mail ist wie ein ganz normales **Anschreiben** zu betrachten. Im vorliegenden Fall ist sie sehr kurz und wenig informativ gehalten. Beim Verschicken von geschäftlichen E-Mails ist das Ausfüllen der Betreffzeile ein Muss. Die Kandidatin benutzt sie, um ihr Anliegen und den Adressaten der E-Mail zu benennen (F. A. O. heißt *For the Attention Of*). Im eigentlichen Text der E-Mail beschreibt die Kandidatin noch einmal mit einer sehr persönlichen Einleitung ihr Begehren. Die Anrede des Gegenübers mit Vornamen wird im gesamten angloamerikanischen Raum wesentlich lockerer gehandhabt als bei uns. Hat man sich am Telefon schon beim Vornamen genannt, kann auch die Anrede im Anschreiben so erfolgen. Zu salopp sollte man aber nicht formulieren. Auch bei der E-Mail hat das Anschreiben die Funktion, neugierig auf den Lebenslauf zu machen. Dabei geht die Kandidatin mit der Präsentation der eigenen Fähigkeiten und Kenntnisse recht sparsam um. Erst im vorletzten Satz erfährt der Leser etwas über den Schwerpunkt ihrer Arbeit, die Datenbankentwicklung. Sehr überzeugend wirkt aber der Verweis auf das Sondierungsgespräch sowie das angekündigte Nachhaken.

Frau Karst hat ihren **Lebenslauf** als PDF an die E-Mail angehängt. Das wirkt sehr professionell, weil die meisten Leser unabhängig von der von ihnen benutzten Schreibsoftware das Dokument mit einem PDF-Reader öffnen können. Im Gegensatz zum vorherigen Beispiel von Johannes Grau ist das Layout grafisch sehr nüchtern und einfach. Es wurde eine schlichte Schrift gewählt, die Überschriften durch einfachen Fettdruck mit einer größeren Schrift hervorgehoben und keine Aufzählungszeichen verwendet. Sollten Sie bei einem Lebenslauf, der in eine E-Recruiting-Lösung überführt wird, dennoch Aufzählungen nutzen wollen, können Sie „*“ oder „-“ benutzen, diese übertragen sich auf jegliche Software. Der Resume beginnt mit einer Aufzählung der Schlüsselqualifikationen, *Skills Summary*, in welcher fast alle wichtigen Schlüsselbegriffe (auch sogenannte *Soft Skills*) genannt werden. Allerdings erhält der Leser im folgenden Text nicht immer weitere Angaben über die aufgeführten Kenntnisse oder über deren Ausmaß. Dennoch tut Frau Karst sehr gut daran, eine solche Aufzählung vorzunehmen, weil der Computer so ihre Kenntnisse speichert und sie automatisch in die gewünschte Schublade rutscht. Der vor Kurzem stattgefundene Berufswechsel von der ergonomischen Beraterin zur Datenbankentwicklerin wird so neutralisiert. Allerdings hat uns die Darstellung des erst in jüngster Zeit stattgefundenen beruflichen Wechsels nicht gut gefallen. Frau Karst geht auch in ihrer E-Mail nicht darauf ein. Weitere nicht nachvollziehbare Sprünge schließen sich an. Von 1993 bis 2000 arbeitete sie als Übertragungstechnikerin, dann folgt ein nach dem Vordiplom abgebrochenes Studium der Informationstechnologie und die Beschäftigung als ergonomische Beraterin. Mit einem funktionell ausgerichteten Aufbau des Lebenslaufes, ähnlich der überarbeiteten Version von Sabine Schulz ab S. 34 mit den *Achievements*, hätte Frau Karst die Möglichkeit, einen roten Faden in ihrem Lebenslauf zu spinnen.

Einschätzung

Die modernste und schnellste Art, seine Bewerbung zu verschicken, ist die via E-Mail. Das Verfahren hat sich weltweit durchgesetzt. Das Anschreiben könnte aussagekräftiger sein. Der Lebenslauf braucht einen roten Faden. Vom optischen Aspekt her keine Schönheit, aber für einen Lebenslauf, der elektronischerweise in eine Datenbank überführt wird, genau richtig.

Internetadressen

Vgl. S. 73 (IT).

Die Anzeige:

Find creative solutions to communication issues

Design Manager

Central London £ 34,800 pa

As the UK's leading charity working on behalf of homeless and badly housed people, HAB produces a variety of imaginative publications, information literature and other materials to support its nationwide campaigning, advice and fundraising activities. Join us as Design Manager and you'll play a vital role in ensuring our published materials make a powerful visual impact.

Managing the in-house design and print purchasing team, you'll be responsible for maintaining and developing HAB's corporate identity and for co-ordinating the production of high quality, cost-effective materials. You'll also contribute to website design, commission and brief external designers, editors and photographers, provide professional advice and manage a substantial annual budget.

To succeed, you'll need at least two years' experience of overseeing an extensive publishing programme, including a year managing and developing staff. Your proven ability to review and improve design standards will be matched by an excellent knowledge of DTP, print processes and design software and an understanding of web design. Outstanding client liaison, negotiation and budget control skills will also be essential along with the ability to deliver a diverse range of projects on schedule and within budget.

We offer good conditions of service including a contributory pension scheme and 28 days annual leave.

HAB challenges discrimination in all areas of its work and employment practices.

Please fill in our application form at www.hab.org.uk/application quoting reference 1234, the job title and where you saw this advertisement. Closing date: 28 March 2012. Interviews: w/c 15 April. To find out more about HAB, visit our website at: www.hab_britain.co.uk

Person Specification

1. A minimum of one years' experience of managing staff, with experience of effective team building.
2. A minimum of two years' experience of managing a substantial publishing programme.
3. Proven ability to comment on and improve upon design.
4. Excellent technical knowledge of DTP and print processes including an understanding of the potential advantages and disadvantages of the World Wide Web.
5. The ability to use word processing and spreadsheet packages and design software including InDesign, QuarkXPress, Illustrator and Photoshop.
6. Proven ability to draw up and monitor plans and budgets.
7. Ability to mark up and proof copy with accuracy and attention to detail.
8. Ability to liaise and negotiate with a wide range of people both externally and internally, including editors, designers, printers and photographers.
9. Excellent client liaison skills including the ability to assist non-technical staff to develop appropriate design briefs to meet their publishing requirements.
10. Proven ability to prioritise workload and meet deadlines.
11. Understanding of project management processes and techniques.
12. Understanding of and commitment to HAB's equal opportunities policy.

▸ Kommentar Seite 92

HAB

Application Form

with guidelines

Please forward **4 copies** of your application to:

HAB
HR Department
18 Lever Street, London
N7 2JH

- You should attempt to answer all relevant questions as fully as possible.
- It is strongly recommended that you read the guidelines.

1 Personal Details

Full title of post(s) for which you are applying: Design Manager

Location: London

Surname: Goldmann Initials: F

Address for correspondence: Auf dem Brauck 17, 44357 Dortmund
Germany

☎ Day: 0049 231 123456 ☎ Evening: 0049 231 456789

- *If we need to telephone you at your place of work, we will not identify in any way who we are or why we are calling.*

Dates you are not available for interview: 17 April 2012

- *Please let us know of any dates you could not attend for interview within the forthcoming month.*
- *NB: We cannot guarantee to interview you if you cannot make the specified date.*

If successful, how soon would you be able to start? One month´s notice required

Guidelines: Sections 2-5

- *Sections 2–5 provide the information on which we decide whether or not to invite you for interview. It is therefore important that you complete all sections fully. You should read the accompanying job description and Person Specification and consider carefully whether your experience matches what we are looking for. If you require additional space, please use a separate piece of paper.*

2 Education and Training

- *Please tell us about the education, qualifications and training relevant to the advertised post.*
- *It is not necessary to list every GCSE/A etc... you have received, e.g. 6 GCSEs, 2 As is sufficient but you may wish to highlight any which are particularly relevant to the post. (English examples have been used but qualifications gained in any country are equally acceptable.)*
- *Please also list any training you have received or are currently undertaking which did not lead to a qualification but which you feel is relevant to the advertised post.*

Subjects	Course Provider	Level/Qualification	Date gained
• English, Music, Biology and Sociology	Elenore von Freiherr Gymnasium, Dortmund, Germany	German 'Abitur' (equivalent to A-levels)	8/89 – 6/98
• Graphic Design	Dortmund University, Germany	German 'Diplom' (equivalent to BA Degree)	8/98 – 7/03
• Photography (evening classes)	Creative Visions, Dortmund	Beginner and Intermediate	00/05
• Website Design (evening classes)	Design Academy, Duisburg	Basic, Intermediate and Advanced	05/10
• Facilitating Meetings	Deuta-Training, Essen	2-day course	23/7/10 – 24/7/10
• Time Management	Deuta-Training, Essen	1-day course	11/12/10

3 Current Experience

- *You should include details of your current or most recent employment.*
- *It will be sufficient to detail the main duties and responsibilities of your post.*

Name and address of employer: Landesbildungszentrale, Schlagstrasse 27 – 29, 44357 Dortmund, Germany

Position held: Senior Designer

Dates employed: November 10 to present

continued

Current Experience continued

Brief outline of duties and responsibilities: Designing a wide range of materials, mainly for print, including posters, leaflets, folders, fundraising packs and exhibition boards. Art-directing photography and illustration. Working within corporate identity guidelines and occasionally advising other departments on house style. Taking briefs and following jobs through to final print. Project management of external design projects in absence of Design Manager. Supplying Website Manager with more complex graphics such as maps and PDFs.

Present salary: £ 29,000

Reason for leaving: N/A

4 Other Experience

- *If you are not currently in paid employment, please use a separate piece of paper to tell us what you are presently doing. For example, you may be in voluntary employment or studying or unemployed or working in the home, etc. This section should be used to tell us about relevant previous experience whether from employment, voluntary work, studying, etc.*
- *Much of what you do now may be relevant to the advertised post, even if it is not paid employment. Please ensure that you tell us about it.*

Name and Address of Organisation + Dates	Brief Description of Duties and Responsibilities
Vereinigte Hilfswerke, Bodengasse 6, 44357 Dortmund, Germany (9/06 – 10/10)	Graphic Designer Designing a varied range of materials, mainly for print for all departments within the organisation
ABA Advertising Lapersie Strasse 34 44567 Dortmund (1/06 – 8/06)	Freelance Designer Work included exhibition boards, corporate identities, open art project
Freelance (12/04 – 11/05)	Freelance Designer working on corporate identities, posters and brochures for the Festival of Light (Essen)
Staedtische Woche Bahnstrasse 3, 44567 Dortmund (11/03 – 8/04)	Production Assistant on weekly magazine (Temporary Contract)

5 Skills and General Information

- *Please use a separate piece of A4 paper.*
- *This section is to give us specific information in support of your application. You must be able to demonstrate on this application form and at interview, if called, that you can satisfy each and every aspect of the Person Specification. We suggest you answer in relation to each point in the Person Specification.*
- *It will be insufficient merely to duplicate what the Person Specification states. So, for example, if it asks for "ability to" or "commitment to" you will be required to demonstrate positively your ability, commitment, etc. by some reference to your academic, professional, voluntary or personal life.*
- *We require all our staff to have a sympathy with HAB's Vision & Values and a commitment to our Equal Opportunities statement. Again, you will be required to demonstrate more than a paper commitment to our beliefs by reference to what you have already achieved in these areas and what you would hope to achieve if offered the post.*
- *You must address every aspect of the Person Specification.*

6 References

- *Please supply details of two referees. These should not include relatives or purely personal friends.*
- *If you are in current employment, one reference must be from your current employer.*
- *Please tick the box if you do not wish us to take up references with your current employer before interview.* ☑

First Reference

Name: Roberta Schäfer

Adress: Landesbildungszentrale, Schlagstraße 27–29,
44357 Dortmund, Germany

☎ 0049 231 445566

Occupation: Head of Design

Second Reference

Name: Helga Ottmann

Adress: Vereinigte Hilfswerke, Bodengasse 6,
44357 Dortmund, Germany

☎ 0049 231 556677

Occupation: Personnel Manager

- *I certify that the information given on this form is correct to the best of my knowledge.*
- *I consent to HAB checking any information I am unable to verify personally.*

Signed: Frederik Goldmann Date: 25 March 2012

- *Please return to Human Resources, 18 Lever Street, London N7 2JH.*

Kommentar Seite 92

Skills and general Information

1. In my past employment at Vereinigte Hilfswerke, a worldwide emergency medical organisation, it was part of my role to manage designers on work placements for the Creative Services Department. These were mainly design graduates looking for practical experience in a working design studio. My role was to induct candidates into the aims, objectives and vision of Vereinigte Hilfswerke, ensure they understood organisational guidelines and the use and importance of house style.

   It was also important to make sure their work progressed from very easy DTP jobs to more complex and creative jobs and to ensure that after initially very regular supervision they were able to liaise with internal clients and prepare work for print with minimum supervision.

   I have experience of team-building programmes, both at Vereinigte Hilfswerke and Landesbildungszentrale. At Vereinigte Hilfswerke the publishing team and other teams of the Communications Department took part in a three-day residential team-building course and at Landesbildungszentrale, an educational research organisation, there has been an on-going work-related team-building programme.

2. As I work closely with the current Design Manager at Landesbildungszentrale, I am very aware of the issues surrounding management of a substantial publishing programme. The main challenge is to bridge the gap between forecasted work in the yearly publishing plans and actual work which is likely to be of a quite different nature, as the organisation has to respond to unforeseen events such as policy changes and new initiatives in education. From my work in the Publications Team I have learnt that a constant review of present work plus early anticipation of additional work is necessary to ensure a smooth flow of work within the team.

3. I have been involved with design for more than eight years and have substantial experience of evaluating design and making suggestions for improvements on designs produced by other members of staff and external designers. Improvements often include appropriate use of corporate identity guidelines, making text more user-friendly and suggesting an alternative selection of photographs.

4. I can use all relevant DTP packages (as illustrated in point 6) and have enough technical knowledge of Macintosh computers to be able to sort out minor problems myself, or to brief other technical staff or external contractors on major problems.

(2/3)

I am aware of different print processes, for example when to use silkscreen, web or litho presses and have also visited print factories and attended print workshops offered by printers to their clients. As a freelancer, print-buying was often part of my commission and I am able to evaluate and compare the different services and prices offered by different printers.

At Vereinigte Hilfswerke and Landesbildungszentrale I have commissioned designers, evaluating their portfolios and matching them to appropriate projects, briefing them accurately and ensuring that quotes are obtained and deadlines are met.

I have a good understanding of website issues, gained at Vereinigte Hilfswerke, Landesbildungszentrale and through private study. I have technical knowledge from evening classes and can do basic website design myself as well as providing graphics for websites in my previous and current job. I also understand the current limitations of the World Wide Web in relation to house style, as for instance, use of house style font is not possible for bodycopy as users determine fonts, and heavy graphics are not advisable as this increases download time and limits access for visually impaired people.

5. I have excellent knowledge of QuarkXpress, Adobe Illustrator and Photoshop and have been using these to produce artwork on disk for the last seven years. I also have a working knowledge of Microsoft Word, PowerPoint and Excel Spreadsheets.

6. At Landesbildungszentrale I managed the budget allocated to a research programme into educational materials for disabled children. The programme was overseen by the Marketing Department and each member of the Marketing Department was responsible for a specific service. The project ran over two years and part of my role was to establish a two-year plan for the Research Team and an annual budget including expenditure for research fees, travel to monthly focus group meetings, guest speakers, additional product research and disabled groups and to monitor this expenditure throughout the year.

   As I work closely with the Design Manager and Print Buyer at Landesbildungszentrale I am aware of the difficulties of accurately setting up plans and budgets for the year, as some departments are able to set up plans realistically whereas other departments have to respond to changing circumstances.

7. In my previous position working with the English language editor at Vereinigte Hilfswerke, I learnt to use editorial mark-up instructions accurately and gained good proof-reading skills. In both my previous positions I have produced accurate mark-ups for external designers and other members of staff to follow.

 Kommentar Seite 92

(3/3)

8. I have excellent communication skills and can liaise with staff effectively at all levels of the organisation. I have extensive experience of dealing with editors, designers, printers and photographers successfully, as I can show with the resulting work in my portfolio. I have also negotiated discount prices with photographers and illustrators and recently negotiated free use of drawings by a well-known illustrator for use in a brochure for new students.

9. In my view the key to good client liaison is effective communication and anticipating that your client may not fully understand the meaning of terms like 'sign-off' and 'printers proof'. I feel that my long experience in a design environment has given me insight into the requirements of my customers and enables me to make useful suggestions on how a publishing project can be improved or even done in a completely new way, for example setting up a catalogue in a landscape format or developing a game rather than a standard brochure, whilst still bearing cost and target audience in mind.

10. At present I work on various projects with changing deadlines and am used to people making changes at the last minute. I can stay calm in a pressurised work environment, and ensure that deadlines are met. In a team environment regular update meetings and a flowchart showing all work for the Publications Division are useful tools for checking deadlines and anticipating work overload or a need to re-prioritise.

11. I have managed my own projects both as a freelancer and in my employment at Landesbildungszentrale and Vereinigte Hilfswerke. One of the most important project management tools is a timeline, agreed by all parties involved, and a regular review of this in changing circumstances. It is also very important to communicate with all parties on a regular basis and back any verbal agreement with a written message to reinforce what was agreed.

12. I am committed to HAB's Equal Opportunities Policy. In design I believe that an effective way of supporting the Equal Opportunities Policy is to ensure that any photography or illustration used reflects a variety of people of different gender, race, disability and age. In my present position it is important that publications show the diversity of the population and appear in a positive and non-patronising way. For website design it is crucial to bear in mind that web pages must be laid out in a way that enables visually impaired people access e.g. text on a contrasting background and a plain text alternative to pictures or PDFs so that they can be printed out in braille or large text.

Zu den Unterlagen von Frederik Goldmann
Design-Management in Großbritannien, *Application Form*

In der vorliegenden Anzeige wird darauf hingewiesen, dass ein interessierter Bewerber ein Bewerbungsformular, eine Application Form, ausfüllen muss, will er sich um die Position des Design-Managers bewerben. Zumeist sind diese Formulare heutzutage online auszufüllen, oder man kann – wie hier – ein PDF-Formular am Bildschirm ausfüllen, ausdrucken, unterschreiben und per Post abschicken; in wenigen Fällen muss man sich bei der Firma ein Application Pack bestellen (inhaltlich ändert sich nichts). Bei diesen Bewerbungsformularen geht es vor allen Dingen darum, die Vergleichbarkeit der unterschiedlichen Kandidaten zu verbessern. Bei Einstellungen im angloamerikanischen Raum ist das Ausfüllen von Bewerbungsformularen wesentlich weiter verbreitet als bei uns. Speziell in den USA wird kaum ein Job ohne ein Bewerbungsformular vergeben. In Großbritannien werden *Application Forms* vor allem bei großen Unternehmen, im öffentlichen Bereich und bei karitativen Organisationen eingesetzt. Das vorliegende *Application Form* ist ein anschauliches Beispiel für ein Bewerbungsformular im sozialen Bereich. Natürlich gibt es immer kleine und große Unterschiede. Oft wird man durch eine Anleitung zum Ausfüllen in das Formular eingeführt und es werden noch einmal alle gewünschten Fähigkeiten und die Erfahrung beschrieben, die der ideale Kandidat für die zu besetzende Stelle mitbringen sollte. Es ist wichtig, beim Ausfüllen des Formulars auf jedes einzelne dieser Kriterien, auch die „weichen" Faktoren, einzugehen und zu beschreiben, wie man es erfüllt oder bereits erfüllt hat.

Tipps: Beim Ausfüllen eines Bewerbungsformulars sollte mit ähnlicher oder sogar größerer Sorgfalt als beim Verfassen der eigenen Bewerbung vorgegangen werden. Bei einem Onlineformular starten Sie am besten einen Probedurchlauf mit fiktiven Angaben, um das Formular und die Fragen kennenzulernen. Wenn Sie sich mit dem Formular vertraut gemacht haben, können Sie es mit den richtigen Angaben ausfüllen. Bei einem gedruckten Application Pack spricht nichts dagegen, es zu vervielfältigen und eines zur Probe auszufüllen. Ist etwas unklar, sollten Sie unbedingt beim Arbeitgeber nachhaken. Bei Fragen, die nicht zutreffen, können Sie entweder einen Strich machen oder aber „not applicable (N / A)" schreiben.

Gehaltsvorstellungen sollten, wenn möglich, nicht angegeben werden. Hier bietet es sich an, „salary negotiable" zu schreiben. Ansonsten kann man eventuell eine Gehaltsspanne nennen, aber auch das ist nicht einfach, da im angloamerikanischen Raum in der Regel über Gehalt und Zusatzleistungen (Kranken- und Altersversicherung, Umzugskosten etc.) verhandelt wird (sogenannte *Packages*). Bei besonders kniffligen Fragen kann mit der Formulierung „will discuss during interview" ausgewichen werden, aber selbstverständlich sollte das eine Ausnahme sein.

Zu Gesundheitsfragen schreiben Sie „excellent health" und machen keine weiteren Angaben. Bei kleinen Wehwehchen kann man sich auch auf „good health" beschränken.

Nun zu den vorliegenden Unterlagen: Die ersten Seiten füllt Herr Goldmann ohne weitere Schwierigkeiten mit den persönlichen Daten aus. Auf der zweiten Seite wird nach der *Education* gefragt. Hier geht es um Abschlüsse, Diplom, Zertifikate, aber auch Kurse oder Weiterbildungen, die für die angestrebte Tätigkeit von Bedeutung sein könnten. Herr Goldmann nutzt diese Gelegenheit richtig, um Qualifikationen aufzuführen, welche die in der Anzeige und der *Person Specification* geforderten Fähigkeiten belegen. So bezieht er sich auf den Punkt 4, „understanding of the World Wide Web", durch die Erwähnung des Besuchs eines Web-Kurses oder auf Punkt 10, „meeting deadlines", mit dem Besuch eines Zeitmanagement-Seminars.

Ebenfalls auf der dritten Seite werden Informationen über die aktuelle Anstellung eingefordert. Diese Angaben sind, da sie am neuesten sind, die wichtigsten im Bereich der Berufserfahrung. Deshalb wird diesen Erfahrungen im Formular auch besonders viel Platz eingeräumt, während vorherigen Anstellungen oder Erfahrungen weit weniger Platz zur Verfügung steht. Unter *Duties and Responsibilities* sind ähnliche Angaben wie in einem Lebenslauf vorzunehmen. Herr Goldmann hat der Anforderungsliste entsprechend sehr treffende Angaben gemacht. Bei der Angabe des letzten Gehalts ist es möglich, sich an der Bezahlung der ausgeschriebenen Position zu orientieren.

Neben der aktuellen Position werden Angaben zu weiteren Erfahrungen / Berufserfahrungen verlangt. Hier taucht das Problem der Berufsbezeichnung verstärkt auf. Herr Goldmann beschreibt weitere Anstellungsverhältnisse, zwei selbstständige Tätigkeiten und eine Teilzeitbeschäftigung, immer im Hinblick auf die zu besetzende Stelle.

Nach der vierten Seite, die Angaben zu Referenzen enthält, arbeitet Herr Goldmann auf den nun folgenden wichtigen Seiten die geforderten Fähigkeiten aus dem ihm vorliegenden Anforderungsprofil *Person Specification* heraus. Es ist sehr wichtig, dass dies Punkt für Punkt geschieht, was Herr Goldmann auch berücksichtigt.

Dabei geht er sehr geschickt vor und kann auch kleine Schwächen, wie z. B. fehlende Erfahrung in der Personalführung (*management of staff*) kompensieren, indem er aufzeigt, dass er für die Einarbeitung von Praktikanten verantwortlich war und ein dreitägiges Seminar in *team building* absolviert hat (Punkt 1 der Anforderungsliste).

Bei Punkt 12 geht es um die Gleichstellung aller Menschen, egal welcher Religion sie angehören, wie alt sie sind oder welche körperlichen oder geistigen Leiden sie haben. Hier schreibt Herr Goldmann, dass er mit der Politik des Unternehmens übereinstimmt und wie sich dies konkret in seinem späteren Arbeitsbereich auswirken könnte.

Einschätzung

Ein gutes Beispiel für das Ausfüllen eines Bewerbungsformulars.

Internetadressen

Vgl. S. 56 (Marketing und Wirtschaft) und S. 101 (künstlerische Berufe).

MARTIN CZUBNY

IM ORDE 29 ▪ 79104 FREIBURG
▪ +49 761 1234567 ▪ MCZUBNY@HOTMAIL.COM

Mr Jerome Gavronne
Head of Human Resources
Ovenden Construction International Ltd
113 Shakespeare Walk
Oxford OX6 8KL

25th February 2012

Re: Your advert in 'Construction News International', 20th February 2012

Dear Mr Gavronne

I am writing regarding your advertisement for a Deputy Manager in your European Construction Section. I am looking for a position which combines the legal, administrative and construction aspects of civil engineering and I feel that the advertised position requires the skills and experience, as demonstrated in my enclosed Curriculum Vitae.

I am aware that Ovenden Construction Ltd have been tendering for contracts in the eastern part of Germany, and my extensive experience in contract negotiation and knowledge of German construction law would be very valuable to your company. I also speak fluent German, have excellent command of the English and French language and have liaised with French and German companies on many occasions.

I look forward to hearing from you soon.

Yours sincerely

Martin Czubny

Enclosures

 ▶ Kommentar Seite 98

MARTIN CZUBNY

IM ORDE 29 ▪ 79104 FREIBURG
▪ +49 761 1234567 ▪ MCZUBNY@HOTMAIL.COM

Objective

A challenging position combining the legal, administrative and construction aspects of civil engineering.

Personal Details

Date of birth: 21st March 1977
Place of birth: Iserlohn, Germany
Marital status: Single
Nationality: German

Professional Experience

Director of the Staff Unit, Contract Management and Project Manager

2010 – present ▪ Consortium Freiburger Bergbahn

The Consortium Freiburger Bergbahn is renovating 10.3 km of the funicular railway support construction in Freiburg. The value of the order is 150,000,000 € (approx £ 120 million). 25,221 tons of steel will be installed by 2014. The number of technical staff is 90; 720 workers are engaged in the installation.

- Responsible for contract management and leading a team of five employees
- Estimated and co-ordinated hundreds of claims resulting from changes to drawings, interruptions to construction work, acceleration measures, obstructions, flooding, extra weight or faulty software
- Successfully prepared a major claim which was approved by the owner, amounting to 29 % of the original contract value
- Precisely analysed contract regulations, specifications and risks in order to assist the project manager in taking strategic decisions
- Wrote legal reports about contract disputes between owner and contractors involving an amount of 500,000 € (approx £ 400,000)
- Effectively defended claims of subcontractors
- Efficiently presented counterclaims to subcontractors due to planning errors, execution errors, delayed or incomplete deliveries
- Effectively implemented a project management system in accordance with ISO 9001 emphasising contract management, and passed an external quality assurance audit on 6th June 2011
- Supervised and instructed staff in claim settlement

PAGE TWO

MARTIN CZUBNY

Quality Manager

2005 – 2010 ▪ Abbing and Habinghorst, Duisburg

Abbing and Habinghorst is a modern medium-sized construction company with focus on main works and turnkey projects. In 2010, a staff of 300 realised annual sales of 75 million € (approx £ 60 million).

- Successfully implemented a certified total quality management system based on ISO 9001 with focus on contract management, risk management and controlling
- Passed four external quality assurance audits between 2006 and 2009
- Designed a valuable knowledge management system based on Lotus Notes software
- Efficiently audited 110 of its construction sites
- Initialised and managed innovative benchmark tests with two medium-sized construction companies in 2007 and 2008
- Designed and executed risk analysis for core activities on construction sites

Education and Qualifications

Doctorate (degree: Dr.-Ing.)

2002 – 2005 ▪ Duisburg University

Doctoral thesis on "Best practice models for construction companies"; Mark: summa cum laude, 1.1 (A+)

Degree in civil engineering (Dipl.-Ing.)

1997 – 2002 ▪ Dortmund University

Main subject: Construction Management
Mark obtained: 2.1 (B+), Thesis: Mark 1.3 (A –)

A-Levels (Abitur)

1996 ▪ Hagener Stadtgymnasium

A-levels in History (A), Maths (B), English (A) and Physics (B)

 ▸ Kommentar Seite 98

PAGE THREE

MARTIN CZUBNY

Courses

- Claim management for owners and contractors
- Construction management and domestic water supplies
- Business English
- Conflict management
- Presentation and selling
- Time management
- Team building
- Negotiating skills

Additional Skills

Good working knowledge of English, basic knowledge of Dutch, good command of Microsoft software (Excel, Project, Access, Word), basic knowledge of Microsoft FrontPage and Lotus Notes

Interests

Cycling, historical fiction and non-fiction, politics, Scout Leader

References

Frieda Glockenau
Project Director
Freiburger Bergbahn
Starkenstrasse 17
79104 Freiburg
Germany
+49 761 2172678

Paul Abbing
Managing Director
Abbing and
Habinghorst
Rheinstrasse 34–40
47259 Duisburg
+49 203 1377778

Prof Max Reimann
Civil Engineering
Department
Duisburg University
Markgrafenstrasse 7
47057 Duisburg
+49 203 4441000

Zu den Unterlagen von Martin Czubny
Bauingenieurwesen in Großbritannien

Der Einstieg in den **Cover Letter** und auch das Design sind auf den ersten Blick eher schwach geraten. Wenn man eine Betreffzeile verwenden möchte, was auch im Englischen ein Standardvorgehen ist, dann darf man natürlich in der Einleitung den Inhalt dieser Zeile nicht noch einmal wiederholen. Das macht einen sehr schlechten Eindruck. Es wäre viel geschickter, in der Einleitung auf ein Sondierungstelefonat zu verweisen, welches leider nicht stattgefunden hat. Der Verweis auf den beigefügten CV wirkt ebenfalls ein wenig unbeholfen. Wie wichtig ein Telefonat ist, wird auch im zweiten Satz deutlich, in dem der Kandidat vermutet, dass die ausgeschriebene Stellung genau die Position ist, die er sucht. Darüber hätte er sich vorher telefonisch Gewissheit verschaffen können.

Der zweite Absatz gefällt uns schon etwas besser. Hier offenbart sich Herr Czubny als Experte und zeigt auch deutlich auf, wie *Ovenden Construction* von seinem Wissen profitieren kann. Das macht zumindest neugierig auf seinen CV.

Der **CV (Curriculum Vitae)** hat uns im Gegensatz zum Anschreiben viel besser gefallen. Hier passt der Briefkopf. Alles ist übersichtlich und klar strukturiert. Ein gelungenes Beispiel für einen chronologischen CV. Ein roter Faden zieht sich klar durch den gesamten Lebenslauf und findet in dem formulierten Berufsziel *Objective* seinen Ausdruck. Der rote Faden ist allerdings so klar, das man sich überlegen kann, den Punkt *Objective* wegzulassen. Formulierte Berufsziele eignen sich besser für funktionale Lebensläufe, Berufswechsler oder wenn nicht so klar ist, wo es beruflich hingehen soll (vgl. Formales und Inhaltliches beim Lebenslauf, ab S. 138).

Schön auch: Innerhalb der einzelnen Positionen wird erst kurz der Firmenhintergrund dargestellt und im Anschluss daran werden die eigenen Aufgaben aufgelistet. Herr Czubny belegt die Tätigkeiten oft mit Zahlen, dadurch wirkt der CV sehr transparent und nachvollziehbar. Auch die kurze Darstellung seiner Ausbildung kommt auf den Punkt. Seine Weiterbildungen, *Courses,* könnte er sicherlich kürzer fassen.

Einschätzung

Ein recht schwaches Anschreiben, aber ein überzeugender und schlüssiger Lebenslauf.

Internetadressen für Ingenieure

Aufgrund der vielfältigen Fachrichtungen sind Ingenieure in Deutschland nicht als eine übergreifende Vereinigung organisiert.

- Die Studentenvereinigung IASTE ist für alle technischen Studienausrichtungen und Auslandsaufenthalte ein guter Ansprechpartner: *www.iaeste.de* oder *www.iaeste.org* oder direkt in Ihrer Universität beim DAAD.

- Neben einer Vielzahl von Stellenbörsen suchen immer mehr Unternehmen direkt über die eigene Homepage. Die aktuellen Stellenangebote finden Sie folglich auf den Homepages der einzelnen Unternehmen oder per Schlagwortsuche. Als Schlagwörter benutzen Sie am besten „engineer" zusammen mit der genauen Fachrichtung: z. B. „optical, telecom, electrical, construction, mechanical". Sie können auch das gewünschte Land angeben und „job" oder „employment". Benutzen Sie Metasuchmaschinen wie *www.dogpile.com*, *www.metacrawler.com* oder *www.google.de.*

Hier einige Links:

- *www.mechanicalengineer.com*
- *www.engcen.com*
- *www.jobserve.com*

HR

Heike Radner • Adlerhaus 14 • Eichlinghoferstrasse • 44357 Dortmund • Tel +49 231 123456

Tabitha Reynolds
Abacus Design
44 Norton Folgate
London E1 6AF

26th January 2012

Dear Ms Reynolds

You're looking for a creative designer and excellent team-worker with at least two years' experience in design and print – I'm looking for a new challenge and have the skills to match your requirements:

- **Five years' experience in a hectic in-house design studio producing consistently creative materials**
- **Working within a team of six people including writers, editors and a print-buyer and covering their positions during holidays and sickness periods**
- **Always meeting deadlines, however impossible (with the help of lots of caffeine!)**
- **Dealing with difficult and demanding clients in a calm and polite manner**
- **Working within a given budget and finding cost-effective solutions for design problems**
- **Commissioning illustrators and photographers to produce artwork and photographs that really work with the overall design**
- **Liaising with printers to produce final print in both mono and full colour**

I was impressed by your work for the International Red Cross as shown in "Graphics International" and "Design Week" and I would appreciate the opportunity to contribute to your success and join your team as a new member of staff. I have enclosed some samples of my work along with my CV and I would be delighted to present further work in my portfolio to you in a personal meeting.

I will call you next week to discuss my application. In the meantime, thank you for your time and consideration.

Yours sincerely

Heike Radner

Heike Radner

HR

Curriculum Vitae

Personal Details

Name: Heike Radner
Address: Adlerhaus 14
Eichlinghoferstrasse
44357 Dortmund
Telephone: +49 231 123456
Date of Birth: 30 October 1979

Education

2004: MA in Graphic Arts at Fachhochschule Dortmund
2000: Elementary Course in Art and Design at Hochschule Karlsruhe
1999: German 'Abitur' – A-levels in Music, Sociology, English and Biology at Werner-Scholl-Gymnasium, Bochum, Germany

Skills & Training

Mac Skills: Very good knowledge of InDesign, QuarkXPress, Illustrator and Photoshop, working knowledge of Microsoft Word and Freehand.

Other: Fluent German, good knowledge of written and oral English and working knowledge of French.
Full clean driving licence held.
Good typing speeds and office experience.

Leisure Interests

Cycling, travel, reading, cinema, art exhibitions, theatre, live music and occasionally being a couch potato!

Work Experience

Sept 07 – present:

Design and Production Officer at "Kinderhilfe E. v." (Charity for Children).
Duties include: Design of a range of materials mainly for print, including adverts, postcards, newsletters, annual reports, marketing brochures, information leaflets and internal forms. Seeing jobs through from initial briefing to final print.

Jan 07 – July 07

Freelance Graphic Designer at the "Dortmunder Verband für Umweltschutz", an environmental charity.
Duties included: Design of various printed matter, including internal forms and a pack for European Environmental Week.

Sept 05 – Dec 06

Freelance Graphic Designer handling a variety of different printed material, including corporate identities, posters and leaflets.
Clients included "Theatre Dortmund", "Deja Vu Promotions" and "Nielsund GmbH".

Nov 04 – Aug 05

Production Assistant (temporary) at "Hamburg City Magazine".
Duties included: Liaising with printers, checking editorial copy for mistakes and ensuring deadlines were met.

References available on request

Zu den Unterlagen von Heike Radner
Grafik-Design in Großbritannien

Bei der vorliegenden Bewerbung geht es um eine Anstellung im kreativen Bereich, was sich im Layout sowie in der gesamten Bewerbung widerspiegelt. Frau Radner erstellt die Seiten mit einem Computerprogramm, welches sie auch später während ihrer grafischen Arbeit einsetzen wird. So kann sie schon in der Bewerbung ihre Fähigkeiten im Umgang mit dem Programm zeigen und zudem ihre Kreativität verdeutlichen. Bei Bewerbungen im gestalterischen Bereich sind den Entfaltungsmöglichkeiten keine Grenzen gesetzt. Ebenfalls ist es im künstlerischen Bereich üblich, der Bewerbung einige Arbeitsproben beizulegen, welche aber – ebenso wie die Bewerbung selbst – meistens nicht zurückgeschickt werden. In der Bewerbungsphase sollten Sie neben den Bewerbungsunterlagen auch eine Mappe mit verschiedenen Arbeitsproben für das Vorstellungsgespräch zusammenstellen.

Die Einleitung des auf die Anzeige bezogenen **Anschreibens** ist nicht außergewöhnlich und unter dem Aspekt der Kreativität gibt es noch Verbesserungspotenzial. Der Ansprechpartner wird namentlich genannt.

Positiv fällt uns der Grundton auf, der aus dem Anschreiben hervorgeht. Zum einen schreibt hier jemand, der genau weiß, worauf es bei diesem Job ankommt, und auch über Insiderwissen verfügt, zum anderen zeigt sich ein gewisser *common sense of humor*, der insbesondere bei den Briten sehr gut ankommt. Der Hinweis, unmögliche Termine mit viel Kaffee einzuhalten, gefällt bestimmt nicht jedem Personaler. Wem es aber gefällt, der wird auf die Person, die hinter der Bewerbung steht, neugierig sein, und der persönlichen Vorstellung steht nichts mehr im Wege. Schön ist weiterhin die Verabschiedung mit der Ankündigung des Nachfassens.

Das gewählte Layout zieht sich auch durch den **Lebenslauf**. Gelungen ist die Aufteilung in eine linke und rechte Hälfte. Der Schwerpunkt liegt ganz klar und richtig auf der Berufserfahrung, die in der rechten Hälfte dargestellt wird.

Einschätzung

Hier haben wir ein gutes Beispiel einer Bewerbung für den kreativen Bereich.

Internetadressen für künstlerische Berufe

Desktop-Publishing, Kreative und Werbung:

- *www.mediabistro.com*
- *jobs.designweek.co.uk*
- *www.jobs.guardian.co.uk*
- *www.writejobs.com*
- *www.journalismjobs.com*
- *www.mediajobsearchcanada.com*

Bühne, Fernsehen und Radio:

- *www.spotlight.com*
- *www.showbizjobs.com*

Weitere Jobs per Schlagwortsuche im Internet. Vgl. S. 98 (Ingenieure) und S. 73 (IT).

FACSIMILE TRANSMISSION

Date:	23 February 2012		
To:	David Maccrea	**Phone:**	0044 207 2546789
Company:	Jenkins Maccrea	**Fax:**	0044 207 254123
From:	Dr Thorsten Garmann LLM	**Phone:**	0049 89 1234567
		Fax:	0049 89 4567890
Re:	Vacancy in London		

Number of pages including cover sheet: 4

Message

Dear Mr Maccrea,

As discussed in our phone conversation earlier today, please find attached my Curriculum Vitae detailing my recent experience. I understand you have a possible vacancy in a law firm specialising in copyright and new media and you will find that in my current position I have been specialising in this area. I will be calling you later to discuss my application and answer any further queries you may have.

Yours sincerely

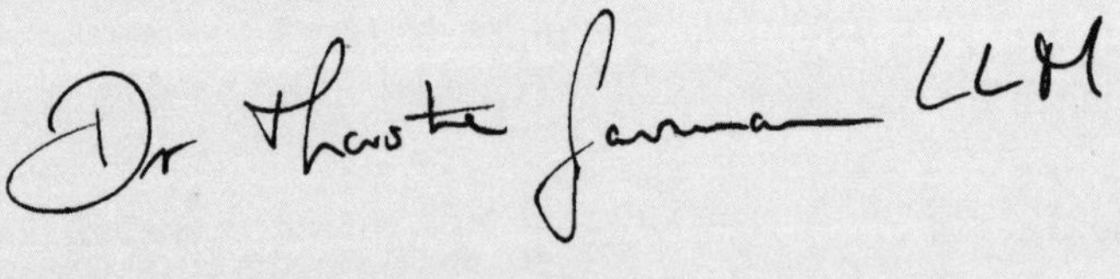

Dr Thorsten Garmann LLM

CURRICULUM VITAE

Personal Details

Name:	Dr Thorsten Garmann LLM
Address:	Dachauerstrasse 30, 80035 Munich
Tel:	0049 89 1234567
Fax:	0049 89 4567890
Email:	tgarmann@aol.com
DOB:	16 December 1981
Nationality:	German

Legal Education

Munich University	2000 – 2002	Intermediate exam
Munich University	2002 – 2005	First state exam
Oxford University, UK	2005 – 2006	Dissertation research
Munich University	Sept 2007	PhD Graduation
North Munich District Court	2006 – 2009	Second state exam (Bar)
Qualified as Solicitor	July 2009	
UCLA, California, USA	2009 – 2010	LLM in international and comparative law

Professional Affiliation

Member of ELSA (European Law Students' Association)
Member of the DAJV (German American Lawyer's Association)
Member of the International Student Bar Association

Professional Development

2001	Seminar on International Business Law
2003	English for Law
2004	French for Law
2004	Seminar on Great Law Ethnologists

Languages

German	(fluent)
English	(fluent)
French	(working knowledge)

Legal Experience

Solicitor ▪ Jahnert, Bader & Co ▪ August 2006 to present

Working mainly in the areas of E-Commerce/IT/IP

E-Commerce

- Advising online flight booking service from first round finance to launch and thereafter, including drafting terms and conditions, privacy policy and wording for competitions and special offers and advising on data protection, distance selling, trade mark and copyright issues
- Negotiating content delivery licensing agreement on behalf of major German media organisation
- Negotiating website development and hosting agreement on behalf of leading clothing retailer
- Drafting and advising on linking agreement for online financial news provider
- Drafting and advising on distribution agreement for prospective online clothing retailer
- Advising prospective online casino in relation to gaming rules and regulations
- Reviewing marketing, promotion and agency agreement prepared by online location procurer and promoter
- Negotiating resolution of domain name disputes

Information Technology

- Drafting commissioned research and development, technology transfer and software licence agreements on behalf of software developer
- Advising large investment house about online booking and digital delivery platform including advising on development and maintenance agreement and assignment of IPRs
- Negotiating with leading hardware manufacturers to establish accelerator programme for the conditional loan of hardware to start-ups and drafting agreed loan documentation
- Negotiating distribution agreement on behalf of software manufacturer
- Reviewing terms and conditions for hardware distributor

IP

- Drafting author agreements, serialisation licence and sub-licence agreement on behalf of leading publisher
- Advising publishing company on termination of licence agreement
- Drafting assignment of IPRs on behalf of software manufacturer
- Advising on registering and renewing trade marks
- Advising publishing company in relation to infringement of trade marks
- Advising hardware company on IP

Other

- Negotiating event sponsorship contract on behalf of leading tennis players
- Negotiating player contracts on behalf of sporting event organiser
- Negotiating player sponsorship agreement on behalf of leading golf club
- Negotiating television presenter contract on behalf of presenter
- Advising trade association and manufacturer of medical equipment on competition law issues
- Advising international firm of management consultants on data protection issues
- General drafting and reviewing of numerous terms and conditions, distribution agreements and confidentiality agreements

Further Legal Experience ▪ August 2005 to July 2010

- Student Assistant at the Institute for International Business Law in Munich for two years
- Two months' work experience at Coburn & Major, a law firm in London, where I got an insight into European security law
- Six months working in a district court in Munich in the department of commercial law
- During my two-year period under articles I also worked for three different law firms, mainly concentrating on business and administration law
- After passing my second state exam I worked as a lawyer in Munich, Germany, being admitted to all district courts in Germany

▸ Kommentar Seite 106

Interests

Member of Munich Amateur Tennis League

I enjoy travelling and have been to Australia, South-East Asia and Africa in the last three years

References

Dr Astrid Palmers	Professor Jan Herrmanns
Senior Partner	Department of Law
Jahnert, Bader & Co	Munich University
Bernsteinstrasse 15	Isarallee 110
80345 Munich	80123 Munich
Germany	Germany
0049 89 33445566	0049 89 34567879

Zu den Unterlagen von Thorsten Garmann
Rechtspflege in Großbritannien, Faxbewerbung

Zunächst fällt bei den Unterlagen auf, dass Herr Garmann für das **Anschreiben** eine Standard-Faxvorlage gewählt hat. Diese Wahl ist nicht mehr ganz üblich (Bewerbungen via E-Mail haben sich heutzutage durchgesetzt), aber alles ist erlaubt, speziell wenn man sich mit dem Personaler auf ein solches Vorgehen vorher geeinigt hat. Voraussetzung ist immer, dass ein Sondierungsgespräch vor nicht mehr als ein bis zwei Tagen stattgefunden hat. Herr Garmann verschickt außerdem seine Unterlagen parallel zum Fax auch per Post.

In einem kurzen Text stellt sich der Kandidat vor und kündigt gleichzeitig auch noch einmal sein baldiges Nachfassen an. Allerdings ist die Angabe des Anlasses für das Fax ein wenig zu allgemein gehalten. Ansonsten kurz und gut.

Der **Lebenslauf** stellt nun die Kenntnisse von Herrn Garmann sehr ausführlich dar. Auf der ersten Seite werden neben den persönlichen Daten auch Ausbildungsschwerpunkte dargestellt. Dabei wird die in der angloamerikanischen Welt übliche umgekehrt chronologische Reihenfolge außer Acht gelassen (vgl. zur Gliederung eines Lebenslaufs, S. 139). Auf der folgenden Seite werden die in der Praxis erworbenen Kenntnisse sehr umfassend und auch sehr übersichtlich aufgelistet. Dabei konzentriert sich der Kandidat etwas zu stark auf seine letzte Position. Schade ist, dass keine Angaben über an anderer Stelle gewonnene Erfahrungen gemacht werden. Diesen Kenntnissen hätte etwas mehr Raum eingeräumt und auch die zweite Seite etwas übersichtlicher und weniger überladen gestaltet werden können, insbesondere vor dem Hintergrund, dass die folgende dritte Seite fast leer ist und nur noch die Interessen und Referenzen enthält. Dies fällt unangenehm auf.

Einschätzung

Eine recht gelungene Bewerbung. Allerdings sollte der Lebenslauf unbedingt noch einmal überarbeitet werden.

Internetadressen für Juristen

- Europäische Jurastudentenvereinigung
  ELSA (European Law Students' Association) e. V.
  Rohrbacher Str. 20
  69115 Heidelberg
  Tel. 06221 601458
  Fax 06221 601459
  www.elsa-deutschland.org oder
  international *www.elsa.org*
  Gute Seiten zum Networken.

- **Praktika für Juristen**
  Rechtsreferendare können Praktika bei den deutschen Vertretungen im Ausland absolvieren.
  www.auswaertiges-amt.de

- Eine weitere Praktikumsmöglichkeit für angehende Juristen und Rechtsreferendare bieten weltweit die Auslandshandelskammern.
  www.ahk.de

- **Praktika bei EU-Behörden**
  siehe ‚Arbeiten für die EU'
  www.ec.europa.eu

- **Networking und Infos für die USA**
  Deutsch-Amerikanische Juristenvereinigung e. V.
  www.dajv.de

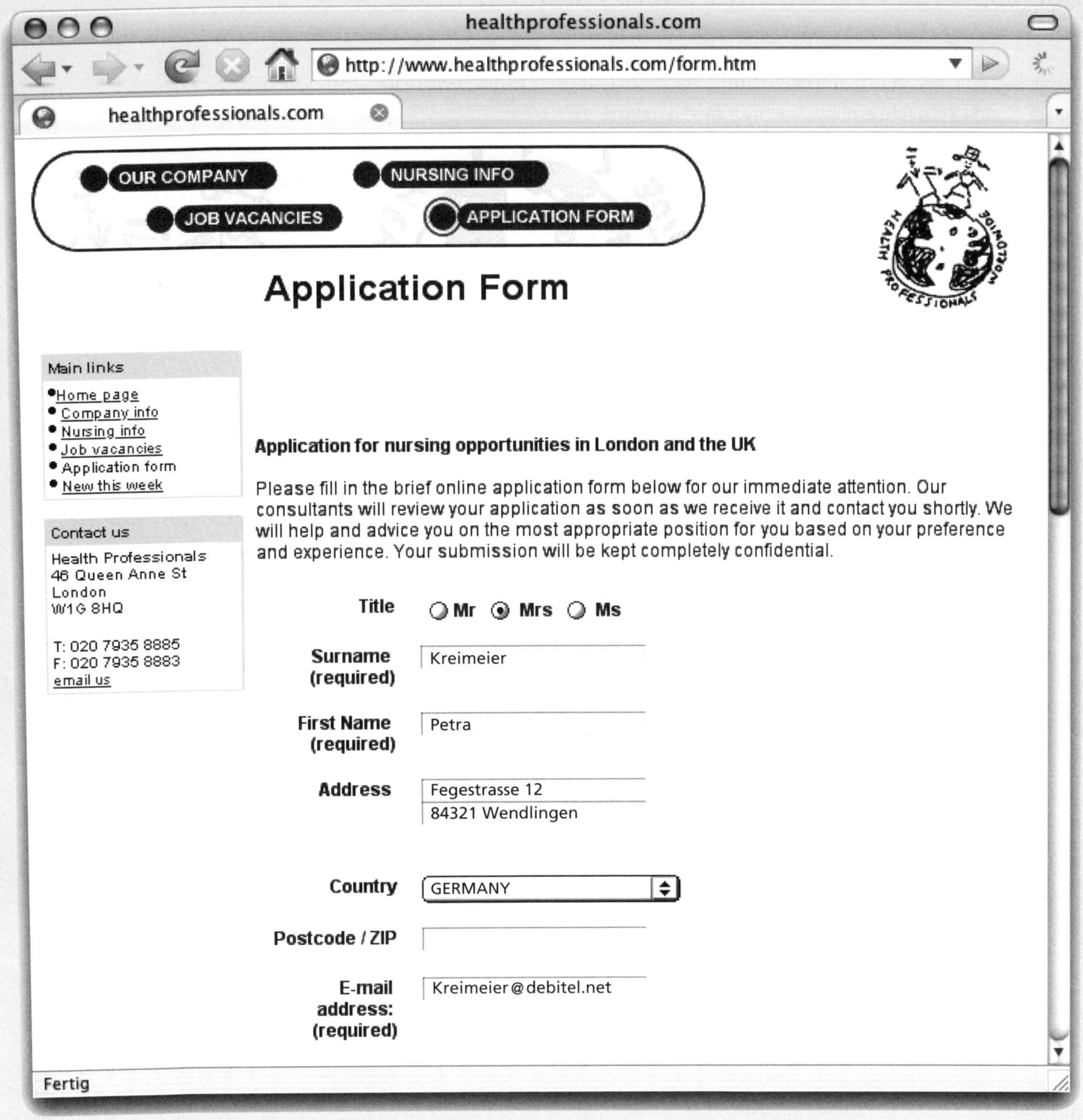

healthprofessionals.com

http://www.healthprofessionals.com/form.htm

healthprofessionals.com

OUR COMPANY | NURSING INFO | JOB VACANCIES | APPLICATION FORM

Application Form

Main links

- Home page
- Company info
- Nursing info
- Job vacancies
- Application form
- New this week

Contact us

Health Professionals
46 Queen Anne St
London
W1G 8HQ

T: 020 7935 8885
F: 020 7935 8883
email us

Application for nursing opportunities in London and the UK

Please fill in the brief online application form below for our immediate attention. Our consultants will review your application as soon as we receive it and contact you shortly. We will help and advice you on the most appropriate position for you based on your preference and experience. Your submission will be kept completely confidential.

Title ○ **Mr** ◉ **Mrs** ○ **Ms**

Surname (required) Kreimeier

First Name (required) Petra

Address Fegestrasse 12
84321 Wendlingen

Country GERMANY

Postcode / ZIP

E-mail address: (required) Kreimeier@debitel.net

Fertig

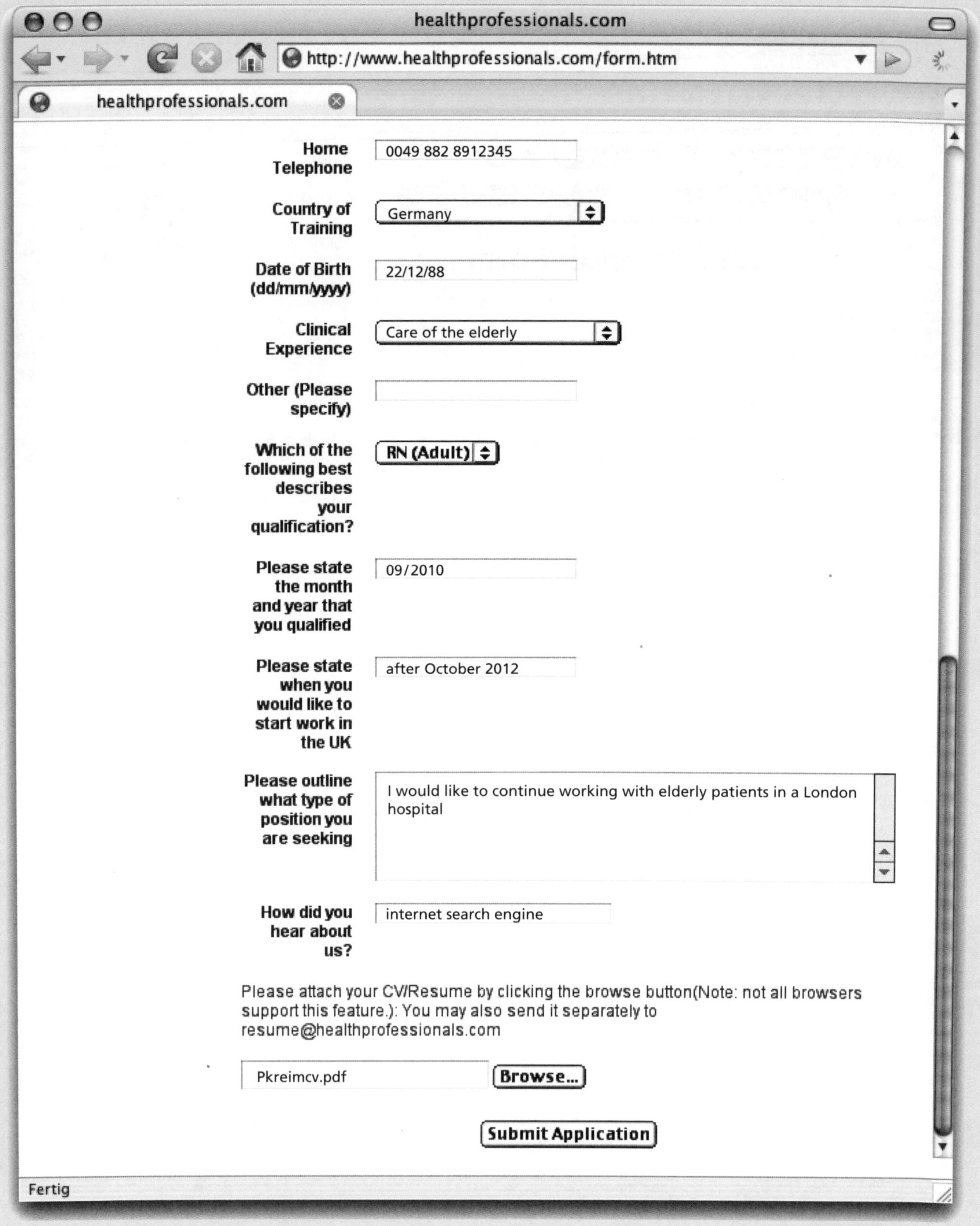

healthprofessionals.com

http://www.healthprofessionals.com/form.htm

healthprofessionals.com

Home Telephone	0049 882 8912345
Country of Training	Germany
Date of Birth (dd/mm/yyyy)	22/12/88
Clinical Experience	Care of the elderly
Other (Please specify)	
Which of the following best describes your qualification?	RN (Adult)
Please state the month and year that you qualified	09/2010
Please state when you would like to start work in the UK	after October 2012
Please outline what type of position you are seeking	I would like to continue working with elderly patients in a London hospital
How did you hear about us?	internet search engine

Please attach your CV/Resume by clicking the browse button(Note: not all browsers support this feature.): You may also send it separately to resume@healthprofessionals.com

Pkreimcv.pdf **Browse...**

Submit Application

Fertig

CURRICULUM VITAE

PERSONAL DETAILS

Name:	Petra Kreimeier
Address:	Fegestrasse 12 84321 Wendlingen Germany
Telephone:	0049 882 8912345
Email:	Kreimeier@debitel.net
Date of Birth:	22/12/88
Place of Birth:	Iserlohn
Nationality:	German
Marital status:	Single

EDUCATION AND QUALIFICATIONS

Humboldt Gymnasium, Arnsberg — Sept 1998 – June 2007
GERMAN ABITUR
(equivalent to English A-levels)
Biology (C), English (B), History (C), Art (C)

Rochus Hospital School of Nursing, Arnsberg — Sept 2007 – Aug 2010
STATE-CERTIFIED NURSE
Three-year full-time training with theoretical and practical course modules

NURSING EXPERIENCE

Wendlingen Hospital — 2010 to present
STAFF NURSE (GERIATRIC REHABILITATION WARD)
Duties include: dispensing medicine, pressure sore prevention, supervising rehabilitation exercises, liaising with other staff e.g. speech therapists and physiotherapists, reviewing care plans, dealing with the special needs of Alzheimer´s, stroke and terminally ill patients.

Rochus Hospital, Arnsberg — Sept 2007 – Aug 2010
STUDENT NURSE
Ward-based learning with placements on the following wards: Surgical, Geriatric, Community, Acute General, Obstetric, Maternity, Paediatric, Neurology, Accident and Emergency, and Psychiatric.

INTERESTS

Reading, live music, camping, visiting the theatre, and playing the guitar.

REFERENCES

Available on request.

Zu den Unterlagen von Petra Kreimeier
Pflege in Großbritannien, *Application Form*

Im vorliegenden Fall handelt es sich um eine Onlinebewerbung über die Homepage eines englischen Arbeitsvermittlers, der sich auf die Vermittlung von Pflegepersonal spezialisiert hat.

Die Kandidatin füllt das dargestellte **Bewerbungsformular** (*Application Form*) aus und hängt den zuvor geschriebenen Lebenslauf an das Bewerbungsformular an. Alternativ kann sie diesen auch separat an die angegebene E-Mail-Adresse schicken. Ein Cover Letter wird nicht beigelegt. Das Ausfüllen des Bewerbungsformulars ist recht einfach. An den schwierigen Stellen helfen Auswahllisten.

Wichtig sind folgende Informationen zum Bewerbungshintergrund im Gesundheitswesen:

Jede Person (Krankenschwestern, Therapeuten, Ärzte etc.), die in den USA, GB oder anderen Ländern im Gesundheitswesen arbeiten möchte, muss sich registrieren und die abgeschlossene Ausbildung anerkennen lassen. Dies gilt übrigens auch für andere Berufe, die im Blickpunkt öffentlichen Interesses stehen, wie Architekten, Ingenieure oder Rechtsanwälte. Da zurzeit fast überall in der westlichen Welt dringend Pflegepersonal für Krankenhäuser gesucht wird, lohnt es sich für Vermittlungsagenturen, sich auch um die Integration von ausländischem Krankenpflegepersonal zu kümmern. Für die Registrierung als *Nurse* muss man eine Gebühr bezahlen. Registriert man sich mithilfe einer Agentur, so kümmert sich diese oft auch um die Zimmersuche oder um die Eröffnung eines Bankkontos und unterstützt Sie bei aufkommenden Fragen.

Der beigelegte Lebenslauf ist im PDF-Format erstellt worden (vgl. das Verschicken der Unterlagen per E-Mail, S. 149). Der chronologische Aufbau ist ohne Schnörkel recht klar und überschaubar gehalten. Im Bereich Ausbildung könnte Frau Kreimeier etwas mehr zu den theoretischen Fächern sagen. Die Angabe der Noten im Abitur ist etwas ungeschickt, weil in einer englischen Bewerbung keine Noten angegeben werden, die schlechter als ein „B“ (entspricht der Note „Gut“) sind. Dies liegt an der unterschiedlichen Benotung in dem andersartigen Ausbildungssystem.

Einschätzung

Ein recht klarer, kurzer, aber dennoch gelungener Lebenslauf mit kleinen und leicht zu behebenden Fehlern.

Internetadressen zur Krankenpflege

- Deutscher Berufsverband für Pflegeberufe
  www.dbfk.de
  Unter „Bundesverband / International“ eine Vielzahl guter Tipps für Auslandsaufenthalte inkl. Anerkennung von Abschlüssen und Stellenbörsen – sehr gute Seite!

- Online Community für Pflegeberufe
  www.krankenschwester.de
  Forum, auch zum Thema Auslandsaufenthalte

- Panacea
  www.panacea.de
  Spezialisierte Personalvermittlung für Ärzte und pflegerische Berufe (viele gute Links).

Einige ausländische Seiten mit vielen Infos und teilweise Stellenbörsen:

- *www.nurserve.co.uk*
- *www.nursingcenter.com*
- *www.nursingworld.org*
- *www.cgfns.org*
- *www.ncsbn.org*
- *www.nursingnet.org*

Marmorweg 6
44357 Dortmund
Germany
[+49] (0)231 345678
Fabian333@gmx.de

12 January 2012

Dr M Gupta
The Royal University Hospital
Monty Street
London EC2M 1RG

Dear Sir or Madam

Re: Application for a post as Pre-Registration House Officer

I would like to apply for a post as Pre-Registration House Officer as advertised on your website.

I am a German medical student about to finish my last year at Bochum University. In the past year I have had practical training in the departments of Internal Medicine, Paediatrics and Surgery. This work experience was part of the practical year required of German medical students and I am presently about to complete my studies sitting the third part of the medical state exam (finals). I expect to receive my full registration no later than February 2012.

The United Kingdom is known for its high standard of medical training and I would like to start my career here. I feel that the placement as Pre-Registration House Officer is more appropriate for me than the clinical training in Germany as specialisation in different medical fields starts very early.

My preference is for more wide-ranging clinical training which I hope to find in the United Kingdom and I would welcome a placement in surgery as my previous surgical placement was a very positive experience. My English is at an appropriate level for personal and medical conversations.

I would love the chance to work in your department and I hope to hear from you soon.

Yours faithfully

Fabian Meusel

Enc 1

Fabian Meusel   January 2012

PERSONAL DETAILS

Address	Marmorweg 6 44357 Dortmund Germany
Telephone	[+49] (0)231 345678
Email	fabian.meusel@gmx.de
Date of Birth	12/03/1988
Marital Status	Single
Nationality	German
Languages	Excellent written and spoken English, basic French and Spanish

Full clean driving license held

EDUCATION

2006 – 2012 **Study of Medicine at Bochum University**

Exams:

08/08: Preliminary Medical Examination
(Grade 2, equivalent to English grade B)

08/09: First part of the Medical State Examination
(Grade 2, equivalent to English grade B)

09/11: Second part of the Medical State Examination
(Grade 1, equivalent to English grade A)

Dissertation: cand. M. D. at the Department of Anaesthesia, Bochum University

Topic: "The effect of gabapentin and carbamazepin on phaenotypic and functional parameters of neutrophil granulocytes"

1997 – 2006 **Wilhelm Busch Gymnasium (Grammar School), Dortmund**
Exam:
Abitur (grade 1,6) equivalent to English A levels at grade A-

EMPLOYMENT AS A STUDENT

10/10 – 05/11 **Weekend Assistant, Geriatric Ward**
Rochus Hospital, Castrop

01/09 – 10/10 **On-call Assistant, Psychiatric Ward**
Rochus Hospital, Castrop

05/10 – 06/10
05/07 – 06/07 **Tutor for neuroanatomy students course**
Department of Anatomy, Bochum

UNDERGRADUATE EXPERIENCE

06/08 – 09/08

14 week student work placement (part of the practical year required of German medical students) in Surgery
University Hospital, Bochum

This post was divided into 4 weeks abdominal surgery, 2 weeks accident and emergency, 4 weeks vascular surgery and 4 weeks trauma. I especially enjoyed assisting in operations and improving my manual skills. On the admissions unit I was responsible for new patients' medical history, physical examinations and providing X-ray studies, laboratory and other pre-op preparations. During my placement in vascular surgery I was responsible for the measurement of peripheral perfusion by doppler sonography pre- and post-operatively.

I appreciated the placement in the emergency room because it increased my self-confidence by enabling me to independently manage outpatients with minor injuries.

02/08 – 05/08

16 week student work placement (part of the practical year required of German medical students) in Paediatrics
St. Lukas Children's Hospital, Castrop-Rauxel

First I was based for one month on the neonatal ward. I learned how to physically examine infants and I took both venous and capillary blood samples. Besides this I was also responsible for the new-borns' auditory screening.

Then I spent 2 months on the paediatric ward where I furthered my knowledge about the differential diagnosis of various infections of pulmonary and gastro-intestinal systems and the management of chronic diseases like diabetes mellitus and cystic fibrosis.

In my last month I was based at the department of paediatric surgery where I learned amongst other things the basics of paediatric trauma.

10/07 – 02/08

16 week student work placement (part of the practical year required of German medical students) in Internal Medicine
St. Markus Hospital, Dortmund

I began my Practical Year based on a medical ward at St. Markus Hospital in Dortmund which had mainly cardiopulmonary patients. It included a monitored coronary care unit for the surveillance of patients after coronary. The hospital had a high rate of admissions for elective coronary angiograms. In taking the patients' medical histories and performing their physical examination I could further my knowledge in the symptoms of coronary disease and valvular defects. I received good training in auscultation of the lung. In the ultrasound department I viewed echocardiographic examinations and performed abdominal and pleural ultrasound as well as paracentesis and pleural punctures under supervision.

03/07

4 week elective in Paediatrics
Waricz Children's Hospital, Warsaw

I was based at a medical ward for internal medicine which included a department for diabetic children. Therefore I could gain experience in the treatment of diabetes mellitus in children, both in the long-term therapy with diet and insulin and in the acute management of ketoazidotic coma. In addition I worked in the department of paediatric orthopaedics and paediatric urology.

02/07 **2 week elective in General Medicine (Dr. Burke, Bochum)**

In addition to the consulting hours I accompanied Dr. Burke on his outpatient visits. These consisted largely of the care of the elderly. I experienced the importance of personal interaction as part of long-term medical care for patients.

09/06 **6 week elective in Surgery**
Rochus Hospital, Castrop

Within the ward environment I was responsible for taking blood samples and for venous catheterisations. I also assisted in daily wound management and learned to evaluate the healing conditions of a wound. Furthermore I had extensive opportunity to assist in operations and had my first experiences in suturing.

08/06 **2 week elective in Radiology**
Rochus Hospital, Castrop

In this period I trained in viewing conventional X-rays as well as CT films, MRI studies and angiograms. I took medical histories with special regard to contraindications against the application of intravenous contrast agents, against CT or NMR examinations. I also gained experience in evaluating breast examinations by mammography and ultrasound.

03/06 **4 week elective in Day Case Surgery**
University Hospital, Bochum

I had extensive opportunity to watch day case surgery (hernias, surgery of the hand, benign tumours of the skin and more). I learned to administer local anaesthetics and to give intermuscular vaccinations.

CAREER AIM

Since my interests have always been widespread I see my long-term career aim as a General Practitioner. Nevertheless I have experienced a very strong penchant for surgical work. Therefore I am planning to spend a couple of years in surgery before finally deciding on my specialisation.

INTERESTS AND ACTIVITIES

Violin and guitar (played in grammar school orchestra)
Handball (certificate for training junior members of the local handball club), skiing and sailing
Volunteer with sailing club for disadvantaged young people

REFERENCES

Dr Heinrich Burke
Bochum Universitaets Hospital
Marienstrasse 314
44801 Bochum
Germany

Dr Johanna Marks
St Markus Hospital
Borsigstrasse 187
46435 Dortmund
Germany

Professor Erwin Gotthardt
Universitaet Bochum
Ruhrstrasse 12
44801 Bochum
Germany

 ▸ Kommentar Seite 115

Zu den Unterlagen von Fabian Meusel
Arzt in Großbritannien

Zum Anschreiben

Die Betreffzeile wird im einleitenden Satz wiederholt, das wirkt unschön. Im vorliegenden Fall ist es besser, die Betreffzeile ganz wegzulassen.

Im zweiten Absatz informiert der Kandidat über seinen Status im Studium und welche praktischen Erfahrungen er machen konnte.

Im dritten Absatz beschreibt Herr Meusel, wie er sich eine optimale Ausbildung vorstellt und warum er gerne in England arbeiten möchte. Er ist auf sich selber fokussiert und scheint dabei die wichtige andere Seite zu vergessen: Wie kann ein Arbeitgeber von ihm profitieren? Ist z. B. die deutsche Ausbildung bekannt für einen hohen Standard? Bringt man neue Aspekte, spezielle Methoden oder Kontakte mit? Kann man mit (deutschen ...) Sprachkenntnissen punkten? Hat man z. B. besondere Fähigkeiten wie guten Kontakt zu Patienten, eine schnelle Auffassungsgabe oder ruhige Hand?

Des Weiteren ist folgende Formulierung nicht unproblematisch: "The United Kingdom is known for its high standard of medical training and I would like to start my career here." Gerade die Briten achten sehr auf die Bedeutungen zwischen den Zeilen und eine mögliche Interpretation wäre, dass Herr Meusel das Krankenhaus und / oder Großbritannien nach seiner Lehrzeit wieder verlassen möchte.

Souverän geht Herr Meusel dagegen mit eventuellen Bedenken hinsichtlich mangelnder Sprachkenntnisse um. Der emotional gehaltene Schlusssatz, vielleicht für manch einen nüchternen Arzt übertrieben, hat uns gut gefallen.

Abschließend verwendet Herr Meusel korrekterweise „faithfully" mit der unbestimmten Anrede (besser wäre natürlich ein Sondierungstelefonat). Durch *Enclosures* weist er auf den beigelegten Lebenslauf hin – man muss allerdings nicht die Anzahl der beigelegten Dokumente erwähnen.

Zum Lebenslauf

Im vorliegenden Fall handelt es sich um einen britischen Lebenslauf mit der Angabe von Geburtsdatum und Familienstatus. Dies wäre im amerikanischen Raum nicht üblich. Ungewohnt sticht die Zeitangabe oben auf dem CV ins Auge. In keinem englischen Lebenslauf werden Angaben zur Aktualität des Dokuments gemacht. Besser wäre es, wenn Herr Meusel schreiben würde:

Curriculum Vitae
Fabian Meusel

Aufgebaut ist der Lebenslauf, obwohl ganz klar fokussiert, aus funktionellen und chronologischen Aspekten. Die Überschriften sind gut gewählt, es sind natürlich auch andere denkbar wie: *Research*, *Teaching*, *Publications* etc. Gut gefällt uns die Unterteilung der praktischen Tätigkeiten in *Employment as a student* und *Undergraduate Experience*. Der Kandidat zeigt so Enthusiasmus und Interesse an dem, was er tut. Augenfällig liegt der Schwerpunkt auf den *Undergraduate*-Erfahrungen. Die einzelnen Tätigkeiten werden schon zu blumig und ausführlich beschrieben, während zu den studentischen Nebentätigkeiten keine Details aufgeführt sind. Herr Meusel sollte sich, immer mit Fokus auf die angestrebte *Surgical Position*, auf der einen Seite kürzer fassen, z. B. mit Aufzählungszeichen, und auch einiges Wichtige zu seinen Nebentätigkeiten schreiben.

Ungewohnt ist die Positionierung der Überschrift *Career Aim* am Ende des Lebenslaufes. So ein Statement gehört eigentlich an den Anfang, um den Leser in die richtige Richtung zu leiten. Im vorliegenden Fall ist allerdings die generelle Richtung klar ersichtlich. Der Leser wird nun am Ende überrascht und neugierig gemacht. Generell ist so ein kleiner Überraschungscoup durchaus legitim, aber hier nur halb gelungen, weil Teile des Anschreibens wiederholt werden. Wenn Herr Meusel sein Anschreiben so abändern würde, dass er ohne Wiederholungen seinen Nutzen für den Arbeitgeber darstellt, wäre das Kapitel *Career Aim* rundherum gelungen. Die Darstellung der Persönlichkeit wird mit den nicht unwichtigen Angaben zu seinen Freizeitaktivitäten abgerundet. Abschließend ist noch zu sagen, dass die Referenzen gut ausgewählt wurden: zwei praktizierende Ärzte und ein Professor.

Internetadressen für Ärzte

- Deutscher Famulantenaustausch für ‚Noch-Studenten'
  www.bvmd.de/ausland

- *www.bundesaerztekammer.de*
  Auslandsdienst – gute Informationen über EU- und Nicht-EU-Länder

- *www.marburger-bund.de*
  Viele gute Infos mit Merkblättern und Broschüren zu allen wichtigen englischsprachigen Ländern (z. B. auch Anerkennung von Abschlüssen).

- *www.agms.net*
  Sehr gute und ausführliche Adresse für GB.

- *www.medzilla.com*
- *www.doctors.net.uk*

Krankenhausaddressen in den USA

- *www.ahd.com*

Weitere interessante Seiten finden Sie per Schlagwortsuche im Internet. Vgl. S. 98 (Ingenieure) und S. 73 (IT).

KATRIN HEIMANN • BEHAMSTRASSE 17 • 80345 MUNICH
• TEL: +49 89 456789 • EMAIL: KHEIMANN@EXPRESSSIEBEN.DE

Pat McCarthy
Administrator
MCK Travel
11 Golden Lane
Bognor Regis
East Sussex
PO22 7UJ

10 January 12

Dear Ms McCarthy

Re: Your advertisement for a travel consultant

I am familiar with your travel agency through my last place of employment at Supanc Travel in Munich. I believe that the skills and experience I gained there could be of benefit to your company.

I can offer you:
- long-term experience in travel and events management
- excellent knowledge of computer reservation systems Amadeus and Sabre
- extensive first-hand knowledge, through independent travel, of many travel destinations around the world
- motivation and client-orientated working
- good communications skills and a willingness to learn and adapt to new environments

I also have specific experience of travel industry products aimed at children and young people which are relevant to your agency.

I look forward to a conversation in person.

Yours sincerely

Katrin Heimann

Katrin Heimann

Enc.

CURRICULUM VITAE

Name	Katrin Heimann
Address	Behamstrasse 17, 80345 Munich
Tel	+49 89 456789
Email	kheimann@expresssieben.de
D.O.B.	22.09.65

EXPERIENCE

11/04 – 01/12 **Supanc Travel, Munich**
Travel agency specialising in ski and sports
- Providing advice and sales of sport and leisure package tours, activity tours for children and young people, and air travel
- Handling of scheduling, booking, reservations, ticketing and distribution of travel documents

04/01 – 10/04 **Hofmeister Reisen, Munich**
Travel agency specialising in tours and activities for children and young people
- Managing the branch
- Advising clients and selling all forms of travel products
- Overseeing the organisation of tours set up by the agency
- Advertising, personnel and preparing accounts

02/00 – 03/01 **Gropp Reisen, Dortmund**
Travel agency specialising in tours for young people
- Setting up of new branch in Dortmund
- Advising clients and selling tours
- Arranging school excursions

05/91 – 07/98 **Nursery school teacher in various schools in Essen**

FURTHER TRAINIG

04/00 Sabre Basics course

06/99 – 11/99 Training in tourism

▸ Kommentar Seite 120

FURTHER EDUCATION

06/87 – 05/91	Training for nursery school teachers, qualified as certified nursery school teacher
10/84 – 06/87	Degree in Fine Art, Berlin

EDUCATION

08/75 – 06/84	Albert-Schweitzer-Gymnasium (Grammar School)

TRAVEL EXPERIENCE

Africa	Madagascar, Zimbabwe, Botswana, South Africa, Kenya, Ghana, Togo, Benin, Burkina Faso, Nigeria, Algeria, Morocco and Tunisia
Asia	Vietnam, Myanmar, Thailand, India, Malaysia, Indonesia, Egypt, Israel and Saudi Arabia
Australasia	Australia and New Zealand
America	USA, Costa Rica, Mexico, Belize and Venezuela
Caribbean	Cuba, Jamaica and Dominican Republic
Europe	Spain, Italy, France, Germany, Greece, Turkey, United Kingdom, Ireland, Hungary, Poland, Netherlands, Sweden, Denmark, Russia, Austria and Switzerland

ADDITIONAL SKILLS

Software	Amadeus, Sabre, Word and Excel
Languages	English (excellent knowledge), French and Spanish (basic knowledge)
Interests	Travel, foreign culture, reading, tennis and skiing

Zu den Unterlagen von Katrin Heimann
Reiseverkehrskauffrau in Großbritannien

Kein Einzelfall im englischsprachigen Raum: Der Name des Ansprechpartners ist keinesfalls eindeutig. Pat kann für Patrick oder Patricia stehen. Neben noch vielleicht interpretierbaren Namen europäischen Ursprungs wird man oft auch mit völlig fremd klingenden Namen, wie z. B. Gerpreet, konfrontiert, bei denen man nun wirklich nicht mehr weiß, ob sich dahinter eine Frau oder ein Mann verbirgt. Hier ist ein Sondierungstelefonat vonnöten.

Zum Anschreiben

Die Formalien des Anschreibens sind alle erfüllt. Die Kandidatin hat einen eigenen Briefkopf mit Betreffzeile gewählt. Das Anschreiben ist übersichtlich und klar gegliedert mit einer gelungenen Priorisierung der mitgebrachten Erfahrungen. Sehr gut hat uns gefallen, dass sich der Inhalt der Betreffzeile nicht im ersten Satz des Anschreibens wiederholt. Dabei ist es ein wenig schade, dass man nicht erfährt, wo die Anzeige zum *Travel Consulant* gefunden wurde. Sehr interessant macht sich die Kandidatin damit, dass sie den zukünftigen Arbeitgeber und dessen Angebote schon recht genau zu kennen scheint. Ein gelungener Abschlusssatz macht neugierig auf den Lebenslauf ...

Zum Lebenslauf

Hier handelt es sich um einen klassischen chronologischen Lebenslauf. Die Kandidatin hat schon seit mehreren Jahren an ihrer Karriere in der Tourismusbranche gearbeitet. Dass sie ursprünglich Kindergärtnerin gelernt hat und hier in der Vergangenheit eine Neuorientierung stattgefunden hat, stört nicht weiter, macht sie im Gegenteil interessant. Natürlich, weil für die angestrebte Position nicht von Interesse, sind die Angaben zu ihrer Tätigkeit als Kindergärtnerin und zu ihrer künstlerischen Ausbildung kurz gehalten.

Passend, weil für die Arbeit von Frau Heimann wichtig, ist die Auflistung der schon bereisten Ziele. Durch die eigenen Erfahrungen vor Ort kann sie professionell und kompetent auf potenzielle Kunden wirken. Der Punkt *Training in Tourism* unter *Further Training* ist etwas verwirrend. Was kann sich der Leser darunter vorstellen? Hier sollte Frau Heimann noch einige inhaltliche Details einfügen.

Additional Skills runden den CV ab – allerdings würden wir die Hobbys unter eine eigene Überschrift packen, so passt es nicht sehr gut.

Einschätzung

Eine rundherum gelungene Bewerbung mit wenig Verbesserungsbedarf.

Internetadressen zu dem Bereich Reise und Tourismus

- *www.around-the-world.com*
- *www.traveljobsearch.com*
- *www.greatcanadiantravel.com*
- *www.yoursintravel.com*

Weitere Jobs per Schlagwortsuche im Internet. Vgl. S. 98 (Ingenieure) und S. 73 (IT).

Die Anzeige:

Recreation Coordinator, Goldstar Cruiseship, USA

We are looking for a lively, outgoing individual for the Entertainment Department of this luxury cruiseship.

You will be responsible for on-board entertainments as well as conducting social activities including indoor games, singalongs, crafts, coffee-chats, and other recreational activities as assigned by the Cruise Director.

Other duties include:

- Socializing with guests before and after meals.
- Assisting the Shore Excursion Manager and the Guest Relations Coordinator as necessary.
- Assisting in all tasks relevant to entertainment-related functions, activities and events.

Please send your details to Mrs Tara Dumont at Seajob International, 145 Ocean Boulevard, 757557 Miami, Florida

Manuela Conti
Jacobstrasse 7 10717 Berlin Germany
mconti@hotmail.com +49 (0)30 1234567

January 7, 2012

Mrs Tara Dumont
Seajob International
145 Ocean Boulevard
757557 Miami
Florida

Dear Mrs Dumont:

Re: Recreation Coordinator, Goldstar Cruiseship

I read with interest your advertisement on www.jobsincruises.com website for a Recreation Coordinator for the Goldstar Cruiseship.

First and foremost, I love working with people of different backgrounds and nationalities. I have extensive experience of working in the service industry as a bartender, waitress and chambermaid and I have also held various teaching positions for fitness and leisure activities for both adults and children. As well as good practical skills in dealing with people, I have gained excellent administration and organizational skills working as a Festival Administrator for a festival attended by approximately 2,500 visitors.

I am able to motivate people and am very patient with difficult adults and children. I have an outgoing personality and enjoy organizing and overseeing group activities with delegates ranging from the very young to the very old.

I will call you next week Monday to arrange a time convenient to yourself to talk through my application. I am available for work from March this year.

Thank you for your consideration.

Sincerely

Manuela Conti

Manuela Conti

Enclosure

 ▸ Kommentar Seite 124

Manuela Conti

Jacobstrasse 7 10717 Berlin Germany
mconti@hotmail.com +49 (0)30 1234567

Recreation Expertise

Adults

- 5 years' experience in coordinating, planning and organizing events for adults, including music and theatre festivals and private celebrations
- 8 years' experience teaching adult fitness classes and coordinating timetables
- Travelled extensively in India, Australia and Europe working as a bartender, fitness instructor, chambermaid, windsurfing and aerobics instructor

Young people

- 4 years' supervisory experience with sole responsibility for groups of 5 – 10 children aged between 8 and 16 years
- Assistant to swimming instructor for weekly lessons to disadvantaged children aged between 5 and 7 years

Relevant Skills and Qualifications

Lifeguard Silver and bronze medal (German Red Cross certification)

First Aid Certified first aider, including CPR certificate (German Red Cross certification)

Fitness YMCA Professional Studio Instructor Award (British YMCA Exercise to Music Course)

Music Excellent guitar player with good singing voice and knowledge of popular guitar songs
Basic level piano playing

Languages Fluent German, excellent command of English, good knowledge of French and basic knowledge of Italian and Spanish

Career History

2008 – present **Seasonal Youth Worker**

- Supervision of vacation activities for children aged 8 to 16 years
- Planning and organizing day trips to the mountains
- Organizing entertainment (clowns, face-painting, etc) within strict budget constraints

2009 – present **Festival Administrator for the *Irgendwo* Annual Cultural Exchange Festival**

- Coordinating the planning committee, negotiating fees and booking performers
- Organizing locations and technical support
- Booking adverts in local press and dealing with photographers for the event

2005 – 2011 **Fitness Instructor**

- Teaching aerobics and dance classes in fitness clubs in Berlin (two private clubs and one public club)
- Coordinating timetables for 45 different classes using 12 different instructors for Berlin North Public Fitness Centre

2003 – 2005 **Windsurfing and aerobics instructor, and waitress**

- Teaching windsurfing and aerobics to tourists in Goa, India
- Working as a waitress in various hotels throughout Australia

2002 – 2003 **Bartender, waitress and chambermaid**

- Various positions in hotels throughout the Swiss Ski Resorts of Zermatt and Meribel during the winter season

2000 – 2004 **Teaching Assistant, swimming**
Voluntary position with the German Red Cross

Education

1998 – 2002 **English Language and Literature, Berlin University**
Equivalent to Bachelor of Arts

Zu den Unterlagen von Manuela Conti
Animateurin – Kreuzfahrt in den USA

Es handelt sich bei der Bewerbung um eine amerikanische Bewerbung. Typisch für eine amerikanische Bewerbung ist der einseitige Resume ohne Angabe von persönlichen Daten (wobei bei dieser Tätigkeit das Alter oder der Familienstand Pluspunkte bringen könnte). Ebenfalls typisch ist die Verwendung eines eigenen Briefkopfes für das Anschreiben und den Lebenslauf.

Die Formalien des **Anschreibens** sind erfüllt. Nach der Anrede wird, wie bei jedem amerikanischen Geschäftsbrief, ein Doppelpunkt gesetzt. Schön auch die direkte Adressierung des Ansprechpartners und die klare Betreffzeile.

Augenscheinlich ist der Cover Letter in vier Abschnitte untergliedert. Im ersten wird auf die Anzeige eingegangen, die aber auch schon in der Betreffzeile genannt wurde (unschöne Wiederholung). Im zweiten Absatz stellt die Kandidatin ihre erworbenen Erfahrungen und im dritten ihre Persönlichkeit vor. Gut gefällt uns der einleitende Satz des dritten Absatzes. Hier sagt die Kandidatin schon sehr viel über die eigene Persönlichkeit und das Interesse am Umgang mit verschiedenen Menschen. Ebenfalls gelungen ist die Wahl eines eigenen Absatzes zur weiteren Darstellung ihrer Persönlichkeit. Auch gut ist, dass Frau Conti ihre organisatorischen und administrativen Fähigkeiten erwähnt, obwohl dies nicht explizit in der Anzeige gefordert wurde. Hier kann die Kandidatin punkten, weil sie über den Tellerrand hinausschaut. Unschön dagegen wirken die sehr langen und unübersichtlichen Sätze. Gelungen wiederum der Schluss mit der Ankündigung des Nachfassens.

Zum Lebenslauf: Hier handelt es sich um einen klassischen *Functional Resume*. Der Aufbau bietet sich hier an, da die Kandidatin sehr viele und unterschiedliche Erfahrungen in verschiedenen Positionen gemacht hat und diese Art der Darstellung die bestmögliche Übersicht bietet. Auch fallen so die Lücken und Überlappungen in der Chronologie nicht weiter auf. Die Aufteilung von *Recreation Expertise* mit den verschiedenen Altersstufen ist gelungen, ebenso die Überschrift *Relevant Skills*. Unter der Überschrift *Career History* werden dann die verschiedenen Tätigkeiten aufgelistet.

Einschätzung

Insgesamt eine gelungene Bewerbung.

Weitere Informationen und Internetadressen zu Kreuzfahrt und Animation

Die Beschäftigungen auf Kreuzfahrten werden immer beliebter. Es gibt Agenturen, die Vermittlungstätigkeiten anbieten und Geld für eine Registrierung verlangen oder aber gegen Geld Adressen verschicken. Aufpassen, dies sind meist unseriöse Anbieter!

Gesucht werden in der Regel: Kinderbetreuer und Erzieher (mit Ausbildung), Ärzte, Zahnärzte, Fotografen, Fitnesstrainer, DJs, Barkeeper, Animateure, Köche, Kellner, Tänzer etc. Bewerben Sie sich online, denken Sie unbedingt daran, alle wichtigen Keywörter aufzuzählen (vgl. auch *Scannable Resumes*, ab S. 79).

Große Kreuzfahrtgesellschaften, die auch regelmäßig Jobs auf ihren Homepages anbieten:

- *www.cunard.de*
- *www.hlkf.de*
- *www.hollandamerica.com*
- *www.royalcaribbean.com*
- *www.princess.com*
- *www.carnival.com*

Weitere Anbieter unter:

- *www.coolworks.com*
  Hier finden Sie neben Kreuzfahrt-Animateuren auch andere Freizeitjobs wie Skilehrer etc.

- Sonst gibt es Beschäftigungsmöglichkeiten bei großen Club-Anbietern wie beispielsweise Club Med (*www.clubmed.com*), Robinson (*www.robinson.com*) etc. Einfach mal das Internet durchstöbern …

Die Anzeige:

SENIOR SALES MANAGER

xtreme is an award-winning high-performance e-procurement platform operating throughout Europe. Be part of the **x**treme sales team taking **x**treme e-procurement from strength to strength. As senior sales manager you'll get **x**treme results with a remuneration package to match. You'll deal with some of the most prestigious companies in Europe covering everything from banking and distribution to pharmaceuticals.

xtreme develops private online marketplaces for large European companies enabling them to access their suppliers, customise electronic catalogues and perform electronic transactions. Due to our further international expansion we are currently looking for a

SENIOR SALES MANAGER/INTERNATIONAL ACCOUNTS

If you are very ambitious and motivated, then you could join this rapidly expanding business that develops sales with some of the biggest corporate names around the globe. You will be reporting directly to the CEO and you will have exceptional communication skills. You'll think strategically and help to generate new sales growth with all of our top accounts in Europe. You'll have a proven sales track record within IT solutions and be able to deliver them to the top management level.

We are looking for candidates with:

› proven track in sales and experience in e-procurement solutions
› ability to sell consultatively at board level
› highly professional presentation skills
› ability to articulate customer needs and provide solutions with the **x**treme platform
› self-motivation
› ability to work under pressure
› ability to cold-call
› good negotiation skills
› excellent knowledge of Excel, Word and PowerPoint
› fluency in German and English

This position will be based in Berlin, with lots of international travel.
For further information, please look at our website www.**x**treme.com.
If this excellent career opportunity is for you, please send your detailed CV to:
Flavio Haarkes, **x**treme Deutschland AG, Bürgermeister Schmidt Str. 13,
10965 Berlin. Telephone: +49 (0)30 12344566, or e-mail: flavio.haarkes@**x**treme.com

xtreme
xtreme procurement solutions

MR KLAUS PALMERS • BERGKAMENERSTRASSE 53 • 40472 DÜSSELDORF
TEL 0211 345464 • KP@HOTMAIL.COM

Flavio Haarkes
xtreme Deutschland AG
Bürgermeister Schmidt Strasse 13
10965 Berlin

24 February 2012

Re: Advert in the FAZ for the position of Senior Sales Manager

Dear Mr Haarkes

A few days ago your advert for a Senior Sales Manager caught my attention and I would like to show you how my previous experience with one of your competitors could make a significant contribution to your company.

At present I am employed as Regional Sales Manager with Habiken Technologies in Duisburg. I'm responsible for looking after Habiken's accounts in Eastern Europe including Croatia, Hungary, Poland and the Czech Republic. This has been a new market for Habiken's e-procurement solutions and I was instrumental in researching, securing and developing these accounts. As a result, this sector has been Habiken's main growth area for the second year running.

I'm used to working in a very pressurised environment and I thrive on the buzz of working in a busy sales and marketing department. If I am successful in my application for this position I am confident I will be able to produce excellent results for xtreme e-procurement in the future. I would also like to point out that I am happy to relocate to Berlin.

I will contact you to arrange a meeting. If you have any questions in the meantime, please do not hesitate to call.

Yours sincerely

Klaus Palmers

Mr Klaus Palmers

CURRICULUM VITAE
PREPARED FOR
XTREME DEUTSCHLAND AG

MR KLAUS PALMERS • BERGKAMENERSTRASSE 53 • 40472 DÜSSELDORF
TEL 0211 345464 • KP@HOTMAIL.COM

CURRICULUM VITAE

KLAUS PALMERS

PERSONAL INFORMATION

Date of Birth	04 / 07 / 1969
Place of Birth	Iserlohn, Germany
Nationality	German

EMPLOYMENT HISTORY

from 07 / 2005	**Regional Sales Manager (East)** **Habiken Technologies, Duisburg** Sales and distribution of e-procurement solutions for medium and large sized companies
08 / 2002 – 05 / 2005	**Logistics Consultant** **Accidenture AG, Hamburg** Process optimising, strategic sourcing and e-solutions in procurement
09 / 1999 – 07 / 2002	**Sales Executive (New Business)** **Dietrich Winters, Heidelberg** Sales and marketing of custom software solutions for the brewing industry

MR KLAUS PALMERS • BERGKAMENERSTRASSE 53 • 40472 DÜSSELDORF
TEL 0211 345464 • KP@HOTMAIL.COM

 ▸ Kommentar Seite 131

CURRICULUM VITAE

KLAUS PALMERS

EDUCATION

11 / 1999	Degree in Business Administration and Engineering Düsseldorf University, Grade 2.1
4 / 1999 – 10 / 1999	Düsseldorf University Thesis: Regional Marketing and Economical Implications
10 / 1998 – 3 / 1999	Boris Loofah (Asia) Pte Ltd, Hong Kong Placement Logistics: Business Process Reengineering, 3rd Party Logistics
4 / 1998 – 6 / 1998	Boris Loofah GmbH, Düsseldorf Placement Sales: Distribution Channels, Analysis of Relevant Factors, Sales and Distribution
02 / 1998 – 04 / 1998	IFA Germany, Duisburg Placement Sales and Marketing: Market Analysis, Product and Brand Strategies, Regional Sales Structures / Management
08 / 1992 – 01 / 1998	Düsseldorf University Study of Business Administration and Engineering
06 / 1991 – 08 / 1992	Graf Bodelschwingh Barracks, Wolfingen Military Service
8 / 1983 – 5 / 1991	Grammar School, Tübingen Abitur, Grade 1.7

MR KLAUS PALMERS • BERGKAMENERSTRASSE 53 • 40472 DÜSSELDORF
TEL 0211 345464 • KP@HOTMAIL.COM

CURRICULUM VITAE

KLAUS PALMERS

ADDITIONAL TRAINING

Management and Leadership Training, Hamburg
Sales Training, Hamburg
Operational Excellence, Houston, USA
Partnering and Interaction with Clients, Munich
Products and Sales Processes, New York, USA
Implementing Business Solutions, New York, USA

LANGUAGES

English (excellent knowledge)
French (good knowledge)

HOBBIES

Sports (football, tennis, swimming), music (violin)

Düsseldorf, 24/02/12

MR KLAUS PALMERS • BERGKAMENERSTRASSE 53 • 40472 DÜSSELDORF
TEL 0211 345464 • KP@HOTMAIL.COM

 ▶ Kommentar Seite 131

Zu den Unterlagen von Klaus Palmers
Sales Manager – Internationales Unternehmen – Britisch

Bei der vorliegenden Bewerbung handelt es sich um eine Bewerbung bei einem international agierenden Unternehmen. Immer mehr dieser ‚Global Player' verlangen, dass potenzielle Kandidaten sich in der Sprache bewerben sollen, in der sie später Kontakte mit Kunden, Mitarbeitern oder Partnern pflegen. Wird eine englische Bewerbung verlangt, dann ist es meistens die klassische: ein Anschreiben und der Lebenslauf ohne Foto, Zeugnisse etc. (im Gegensatz zur deutschen Bewerbungsmappe). Folglich gelten alle in diesem Buch genannten Ratschläge auch für eine internationale Bewerbung.

Kleiner Tipp: Bei einem ersten persönlichen Kontakt kann man nachfragen, wie genau die Bewerbung aussehen soll.

Das **Anschreiben** besticht zunächst mit einem schönen Briefkopf und einer Betreffzeile.

Im zweiten Absatz beschreibt Herr Palmers seine derzeitige Tätigkeit zunächst allgemein und auch ein wenig missverständlich mit ‚looking after accounts'. Erst im zweiten Satz beschreibt er seine einzelnen Tätigkeiten genauer. Besser wäre es, dies sofort auf den Punkt zu bringen, etwa:

"My main duty at Habiken Technologies is the development of the new and strategically important eastern markets. I am involved in every phase of the deal from reasearch, cold calling and closure to further development of existing client relationships."

Im dritten Absatz bekommt der Leser den Eindruck, dass der Kandidat des Englischen sehr gut mächtig ist und darüber hinaus auch über ein gesundes Selbstvertrauen verfügt. Allerdings klingt der erste Satz etwas zu salopp. Unser Vorschlag: seriös auftreten und besser mit konkreten Zahlen glänzen. Gut gefällt uns, dass Herr Palmers nicht sich selbst in den Mittelpunkt stellt, sondern seinen potenziellen Beitrag für den zukünftigen Arbeitgeber. Schließlich erklärt der Kandidat seine Bereitschaft, nach Berlin zu ziehen, und kündigt, gelungen formuliert, ein Nachfassen seiner Bewerbung an.

Schade, dass der Kandidat nicht noch auf die anderen verlangten Fähigkeiten eingeht, wie z. B. die gewünschten Computer-Kenntnisse.

Abschließend noch eine Bemerkung zu einem kleinen Detail, der Verwendung von Umlauten: Generell sind Umlaute bei einer englischen Bewerbung zu vermeiden. Im vorliegenden Fall ist die Verwendung allerdings problemlos, da sie auch schon in der Anzeige vorkommt.

Der **Lebenslauf** erscheint typisch deutsch mit einem Deckblatt und Foto, Unterschrift, Ort und Datum. Hier hätte sich der Kandidat einen Gefallen getan und vor dem Versenden fernmündlich geklärt, ob diese deutsche Art der Bewerbung auch erwünscht ist. Eine englische Bewerbung bzw. der Lebenslauf kommt ohne all dies aus. Gelungen hingegen der durchgängige und dezente Briefkopf, der jetzt im Unterschied zum Anschreiben unten auf dem Lebenslauf wiederholt wird. Auch schön, dass der Name des Kandidaten oben auf jeder Seite des CV angegeben wird, so kann nichts verloren gehen. Dabei geht Herr Palmers sehr verschwenderisch mit dem Platz um. Sein Lebenslauf wirkt sehr weit auseinandergezogen. Hier gibt es zwei Lösungen: Entweder Herr Palmers verkürzt seinen Lebenslauf auf zwei Seiten, oder er listet weitere und wichtige Informationen zu den einzelnen Punkten auf und füllt somit den leeren Raum. Zum Beispiel könnte er seine Verkäufertätigkeiten mit den Highlights belegen und zu den Inhalten der einzelnen Schulungen etwas schreiben.

Einschätzung

Diese Bewerbung weist Verbesserungspotenzial auf. Der Cover Letter könnte stärker auf die Anforderungen der Anzeige eingehen und den Leser durch Zahlen und Fakten überzeugen. Bezüglich des Lebenslaufes ist zu klären, ob ein Foto erwünscht ist. Ohne Foto ist das Deckblatt überflüssig.

Internetadressen für Führungskräfte

- *www.monster.com*
- *www.fazjob.net*
- *www.stepstone.de*
- *www.jobpilot.de*

Weitere interessante Seiten finden Sie per Schlagwortsuche im Internet.

Wie bewerbe ich mich um meinen Traumjob?

Die perfekten Bewerbungsunterlagen

Wie Sie in den Beispielen und Kommentaren gesehen haben, unterscheiden sich englische von deutschen Bewerbungen in einigen Punkten. Hier die wichtigsten Unterschiede noch einmal zusammengefasst:

- Eine englischsprachige Bewerbung besteht nur aus einem Anschreiben und einem Lebenslauf. Das gilt weltweit! Das heißt, es werden keine Mappen verschickt und auch keine Fotokopien, Fotografien oder Gesundheitszeugnisse beigelegt (Ausnahmen: Arbeitsproben im künstlerischen Bereich sowie eingeforderte Unterlagen).
- Umgekehrt chronologischer Aufbau des Lebenslaufes (begonnen wird mit Ereignissen aus der Gegenwart).
- Der Lebenslauf wird nicht unterschrieben.
- Es wird keine Angabe des aktuellen Datums im Lebenslauf gemacht.
- Es gibt keine Angaben über die familiäre Situation (Eltern, Kinder etc.), Hautfarbe, Grundschule oder Geburtsort (in den USA bleibt auch das Geburtsdatum bzw. das Alter im Lebenslauf unerwähnt)!

Des Weiteren kann man beim Aufbau eines englischen Lebenslaufes grob zwischen amerikanischen und europäischen Unterlagen unterscheiden. Im angelsächsischen Raum (Irland, Großbritannien) heißt der Lebenslauf *Curriculum Vitae* (Kurzform: CV), in der übrigen englischsprachigen Welt dagegen *Resume* (Betonung auf der ersten Silbe, nicht zu verwechseln mit *to resume*!). Das Anschreiben heißt im Englischen *Covering Letter* (Europa) oder *Cover Letter* (USA und Rest der englischsprachigen Welt). Natürlich kennt man in beiden Bereichen auch die jeweils nicht so gebräuchlichen Begriffe. Wenn im Folgenden von CV und Covering Letter die Rede ist, ist auch die amerikanische Version gemeint, es sei denn, wir weisen ausdrücklich auf Unterschiede hin.

Wichtig erscheint uns an dieser Stelle der Hinweis, dass es auch bei einer Bewerbung in den englischen Sprachraum nicht darum geht, möglichst viele Bewerbungen zu verschicken, sondern gezielt nach einer geeigneten Position zu suchen, um im besten Fall mit einer einzigen oder mit wenigen Bewerbungen erfolgreich zu sein. Unterschiedliche Positionen erfordern unterschiedliche Qualifikationen. Daher sollte jeder CV genau auf ein *Job Target*, die anvisierte Stelle, zugeschnitten sein. Gibt es mehrere grundlegende Optionen bei der Jobsuche, sollte man auch mehrere Lebensläufe erstellen, um je nach Arbeitgeber die entscheidenden Fähigkeiten und Kenntnisse entsprechend zu betonen. Bitte machen Sie sich immer wieder klar, was Bewerbungsunterlagen im Grunde sind: ein Werbeprospekt für die eigene Person. Mit diesem „Prospekt" soll das Interesse eines unbekannten Empfängers an der Arbeitsleistung und der Person des Bewerbers geweckt werden. Ziel ist es, für die angebotene Leistung einen möglichst hohen Gegenwert zu erhalten. Für eine gezielte und überzeugende Präsentation der eigenen fachlichen und persönlichen Qualifikationen und Fähigkeiten müssen sich Inhalt, Stil und die äußere Form der Unterlagen geschickt ergänzen. Entscheidend ist, dass der Personaler innerhalb kürzester Zeit (es geht hier wirklich um Sekunden, schon das bloße Betrachten der Bewerbung sollte Interesse wecken!) das Profil des Bewerbers vor Augen hat. Gelingt es Ihnen als Bewerber nicht, ein schnell greifbares, positives Bild von sich zu vermitteln, dann endet Ihre Bewerbung leicht im Papierkorb. Eine übersichtliche und klare Gliederung ist deshalb ein wesentlicher Aspekt einer guten Bewerbung. Es lohnt sich also, beim Verfassen der Bewerbungsunterlagen und hier insbesondere beim Aufsetzen des Lebenslaufes sehr gründlich vorzugehen.

Im Folgenden werden die häufigsten Faktoren in mangelhaften Bewerbungen aufgezählt, aufgrund derer Kandidaten nicht zu einem Vorstellungsgespräch eingeladen wurden:

- unübersichtlicher Aufbau des CV / Resume
- unzureichende und lückenhafte Angaben über Fähigkeiten, Kenntnisse, bisherige Aufgabengebiete; der Arbeitgeber muss zwischen den Zeilen lesen, um auf die Fähigkeiten des Kandidaten zu schließen
- falsche Berufs- und / oder Abschlussbezeichnung – ein Fehler, der die Qualifikation des Bewerbers ungewollt in einem vollkommen falschen Licht erscheinen lässt
- kein vorheriges Sondierungstelefonat und damit kein direkter Adressat / Ansprechpartner
- die Unterlagen wurden an zu wenige oder ungeeignete Arbeitsvermittler (falsche Branche) verschickt
- formale Fehler (z. B. das Foto, die Unterschrift, die zeitliche Auflistung betreffend, s. u.)
- ein zu bescheidenes Auftreten von deutschsprachigen Kandidaten
- schlechte Vorbereitung – der Kandidat hat sich nicht ausreichend informiert über Anforderungen, Unternehmenskultur etc.
- kein Nachfassen nach Eingang der schriftlichen Bewerbung, daraus schließt der Arbeitgeber auf geringes Interesse des Bewerbers

In dem nun folgenden Kapitel geben wir Ihnen eine kurze, aber umfassende Anleitung für das Erstellen englischsprachiger Bewerbungsunterlagen. Es werden alle formellen Fragen beantwortet, die wichtigsten Unterschiede zu den im deutschsprachigen Raum üblichen Bewerbungsunterlagen erklärt sowie Besonderheiten innerhalb des angloamerikanischen Raums dargestellt.

Papier- und Schriftwahl

Für Covering Letter und CV sollte im Normalfall einfaches weißes Papier von hoher Qualität, gerne auch schwerer als die üblichen 80 Gramm, verwendet werden. Man wählt für alle Unterlagen das gleiche Papier, damit sich CV und Covering Letter als eine Einheit präsentieren. Luftpostpapier ist für Bewerbungen denkbar ungeeignet, da es zu dünn ist und wenig repräsentativ wirkt. Farbiges oder gemustertes Papier sollte nur bei einer Bewerbung im künstlerischen Bereich zum Einsatz kommen. Alle Blätter werden immer nur einseitig beschrieben. Die USA (und ausschließlich die USA) gehen bei der Papierwahl einen Sonderweg: Hier ist es üblich und gehört zum guten Ton, dezent marmoriertes oder gemustertes und / oder gefärbtes Papier (hellgrau, blau, braun, grün oder auch gelb) zu verwenden. In Großbritannien, Irland, Australien etc. stößt man mit einem solchen Auftreten auf wenig Gegenliebe. Dort findet ausschließlich weißes, evtl. leicht hellblau oder grau getöntes Papier Anklang.

Heute ist es üblich, die Bewerbungsunterlagen auf dem Computer zu erstellen (handgeschriebene CVs sind unerwünscht!). In jedem Schreibprogramm stehen verschiedene Schriftarten (*fonts*) zur Verfügung. Bei der Auswahl und Verwendung der Schriften ist Folgendes zu berücksichtigen: Als Schrifttyp scheiden verschnörkelte, zu zarte oder plumpe Schriftarten aus. Mit ihnen erzielt man nicht das angestrebte seriös-übersichtliche Schriftbild. Empfehlenswert ist die Verwendung von nur einer Schrift für CV und Covering Letter, denn durch wechselnde Schriften fehlt es dem Layout an Geschlossenheit.

Abweichen von dieser Regel kann man, wenn man sein eigenes Briefpapier mit Name, Adresse, Telefonnummer, E-Mail-Adresse etc. am Computer gestaltet. Dies ist mit der modernen Software recht einfach und wirkt sehr professionell – wenn man einen Blick für Gestaltung hat.

Wenn der seltene Fall eintritt, dass der Arbeitgeber einen handgeschriebenen Covering Letter als Schriftprobe verlangt, sollte das handschriftliche Schriftbild durch einen gedruckten Briefkopf unterstützt werden.

Für Bewerber im kreativen / künstlerischen Bereich gelten andere Maßstäbe. Dort wird oft genau das Gegenteil einer seriösen und dezenten Bewerbung erwartet, nämlich eine ausdrucksvolle und originelle Präsentation. Hier kann man als Bewerber neben aufwendigen und eigenwillig designten Bewerbungen in Schriftform auch Mobiles, selbst entworfene Spiele, Segel etc. verschicken. Diese „bunte Strategie" birgt zwar immer das Risiko in sich, dass der Personalentscheider nicht den eigenen Geschmack teilt – zumindest ragt man aber weit aus der grauen Masse heraus, und damit steigen die Chancen, das eigene Anliegen und die Visionen im persönlichen Gespräch erörtern zu können.

Sich im rechten Licht darstellen (*Extended Truth*)

Es ist etwas schwierig, bei der Formulierung von englischen Bewerbungsunterlagen den rechten Ton zu finden. Wird in Großbritannien, Irland oder Australien mit der Selbstdarstellung noch etwas zurückhaltend umgegangen, so stellt sich in den USA der Eisverkäufer mit einem eigenen kleinen Straßenstand regelmäßig als ein Manager im Genussmittelsektor vor, der den Umsatz der eigenen Filiale um 30 % innerhalb eines halben Jahres, also während der Eissaison, zu steigern vermochte. Wer das Spiel nicht beherrscht oder mit falscher Bescheidenheit auftritt, verpasst die guten Jobs. Diese im gesamten angloamerikanischen Raum bekannte Bewerbungsstrategie wird *Extended Truth*, erweiterte Wahrheit, genannt. Hierbei handelt es sich um eine Strategie von wohlkalkulierten Übertreibungen und sogar teilweise falschen Angaben in Bewerbungen. Diese haben das Ziel, die eigenen Kenntnisse und Erfahrungen umfangreicher oder besser auf den Job zugeschnitten erscheinen zu lassen und die Aufmerksamkeit des Personalers auf sich zu ziehen. Die Strategie der *Extended Truth* ist sehr verbreitet und wurde in vielen erfolgreichen Bewerbungen bemüht. Sie sollten allerdings bedenken: Nichts ist peinlicher, als mit einer plumpen Lüge in den Unterlagen erwischt zu werden. Daher empfehlen wir einen mäßigen und kontrollierten Umgang mit Übertreibungen und Halbwahrheiten.

Das soll Sie aber nicht davon abhalten, jede Anstellung oder Tätigkeit, und sei es auch nur ein Ferienjob, in Ihren Unterlagen ins beste Licht zu rücken. Welche Qualifikationen und Kenntnisse wurden dort erworben, die für einen späteren Arbeitgeber von Bedeutung sein könnten?

Wichtig: Versetzen Sie sich gedanklich in die Lage des Arbeitgebers, der die ausgeschriebene oder von Ihnen angestrebte Stelle besetzen möchte. Diese Betrachtungsweise kann Ihnen auch helfen, bestimmte Erfahrungen aus dem CV herauszunehmen, um nicht überqualifiziert oder ziellos zu wirken.

Fazit: Um bei der Bewerbung Erfolg zu haben, muss man ein guter Verkäufer in eigener Sache sein. Aber Vorsicht: Speziell in Großbritannien ist überhebliches Auftreten eher kontraproduktiv, das Image vom „deutschen Wichtigtuer“ sollten Sie hier besser nicht bestätigen.

Abschlüsse und Berufsbezeichnungen

Ein Kapitel für sich ist die Frage der Übersetzung von deutschen Abschlüssen ins Englische. Ein Problem deshalb, weil es im angloamerikanischen Raum ein ganz anderes Schul- und Ausbildungssystem gibt: Die Schulzeit beträgt in der Regel zwölf Jahre bis zum höchsten Abschluss. Studiert wird meist vier Jahre lang bis zum *Bachelor's Degree*, für einen *Master's Degree* muss man noch ein bis zwei Jahre dranhängen. Und: Es gibt im gesamten angloamerikanischen Raum keine Ausbildungsform, die den deutschen Lehrberufen oder einer der hiesigen institutionalisierten Ausbildungen entspricht.

Schulabschlüsse

Der Haupt- und Realschulabschluss in Deutschland lässt sich mit dem britischen / irischen GCSE (*General Certificate of Secondary Education*) vergleichen, welches früher *O-level* hieß. Das deutsche Abitur kann man mit den britischen / irischen *A-levels* gleichsetzen. Bei den *A-levels* handelt es sich jeweils um eine abschließende Prüfung in einem Wahlfach. In Großbritannien kann man frei wählen, wie viele Prüfungen man ablegen möchte. Üblich ist, zwei bis drei Abschlussprüfungen abzulegen, aber auch nur eine einzige Prüfung ist möglich. Auf das hiesige Schulbildungssystem angewandt, hätte dann z. B. ein deutscher Abiturient vier bis fünf *A-levels*, da bei uns die normale Abiturprüfung aus vier bis fünf Teilprüfungen besteht. In den USA und Australien gibt es dagegen keine Entsprechung unseres Realschul- bzw. Hauptschulabschlusses. Man geht sechs Jahre auf die *Elementary School*, dann weitere sechs Jahre auf *Junior* und *Senior High Schools*. Das *High School Diploma* entspricht ungefähr dem Abitur, mit dem Unterschied, dass es nicht zum Besuch einer Universität berechtigt, dafür müssen zusätzliche Prüfungen abgelegt werden.

Die Benotung erfolgt nach einer Buchstabenskalierung, ungefähre Entsprechungen sind:

USA	Großbritannien	Deutschland
A (A+, A, A-)	A	1 (15, 14, 13 Punkte)
B (B+, B, B-)	B	2 (12, 11, 10 Punkte)
C (C+, C, C-)	C	3 (9, 8, 7 Punkte)
D (D+, D, D-)	D	4 (6, 5, 4 Punkte)
F (failed)	E	5 (3, 2, 1 Punkte)
F (failed)	N (not passed)	6 (0 Punkte)

Des Weiteren ist in den USA das System des *Grade Point Average* (GPA) weitverbreitet. Vom Durchschnitt des GPA hängt es ab, ob man in den Genuss einer Begabtenförderung (*National Recognition* oder *Honors Classes*) kommt. Ein GPA mit der Benotung 4,0 entspricht einem „A", 3,0 einem „B", 2,0 einem „C" und die Benotung 1,0 einem „D".

Studienabschlüsse

Bei der Übertragung von hiesigen Ausbildungen und Abschlüssen ins Englische muss man mit Fingerspitzengefühl vorgehen. Das gilt insbesondere bei Bewerbungen nach England, wo man sich mit vollmundigen Übertragungen deutscher Abschlüsse etwas zurückhalten sollte. Besser ist es in den meisten Fällen, den einzelnen Abschluss inhaltlich zu beschreiben. Vergessen Sie nicht, dass deutsche Bewerber gegenüber Kandidaten aus der englischsprachigen Welt meist ganz unterschiedliche Voraussetzungen mitbringen: Die Universitätsausbildung im deutschsprachigen Raum ist inhaltlich breiter angelegt. Zudem spielt der Fremdsprachenerwerb eine größere Rolle. Die Hochschulausbildung im angloamerikanischen Raum zielt dagegen mehr auf die berufliche Praxis. Außerdem sind die Absolventen deutlich jünger als bei uns. Es ist nicht ungewöhnlich, das Studium im Alter von nur 21 oder 22 Jahren abzuschließen.

Zu den Abschlüssen: Seit der Bologna-Reform gibt es im Hochschulwesen einheitliche europäische Abschlüsse auf der Basis von Bachelor- und Masterdegree, womit die Übersetzungsproblematik entfällt. Wenn man seinen Abschluss aber vor der Bologna-Reform erworben hat, stellt sich die Frage der Übersetzung natürlich. Das hiesige Diplom oder der Magister sind ganz offiziell mit einem englischen *Bachelor (Honours)* gleichgestellt (nach unserem Empfinden entspricht dies allerdings dem Fachhochschulabschluss). Warum sollte man also nicht sein Diplom bzw. seinen Magister bei einer Bewerbung für eine Position, bei der es keiner offiziellen Anerkennung des Abschlusses bedarf, aufwerten und mit einem Master gleichstellen (z. B. im kaufmännischen oder künstlerischen Bereich)? Das Vordiplom ist etwa dem dritten Jahr eines Bachelor-Studiengangs ohne Abschluss gleichgestellt (*Intermediate Exam* to *Bachelor's / Master's Degree*). Vorsicht mit dem englischen Begriff *Diploma*. Dieser Abschluss ist weit geringer als ein *Bachelor* einzuordnen.

Die gängigsten 4-Jahres-Abschlüsse im angloamerikanischen Raum sind:

BA	Bachelor of Arts
BArch	Bachelor of Architecture
BEd	Bachelor of Education
BEng	Bachelor of Engineering
BMedSci	Bachelor of Medical Science
BMus	Bachelor of Music
BSc	Bachelor of Science
BSc (Econ)	Bachelor of Science in Economics
LLB	Bachelor of Law

Die entsprechenden 5- bis 6-Jahres-Abschlüsse sind:

MA	Master of Arts
MArch	Master of Architecture
MBA	Master of Business Administration
MEd	Master of Education
MEng	Master of Engineering
MMedSci	Master of Medical Science
MMus	Master of Music
MSc	Master of Science
MSc (Econ)	Master of Science in Economics
LLM	Master of Law

In den USA und Australien enthalten die Abschlüsse Abkürzungspunkte, z. B.: B. A., B. Sc., M. B. A. oder L. L. M. etc.

Die Benotung bei akademischen Abschlüssen geschieht ganz grob folgendermaßen:

USA	**Großbritannien / Irland**	**Deutschland**
A +	upper first class (1.1)	sehr gut + (0,8)
A	first class (1.2)	sehr gut (1,0)
A –	lower first class (1.3)	sehr gut – (1,5)
B +	upper second class (2.1)	gut + (1,8)
B	second class (2.2)	gut (2,0)
B –	lower second class (2.3)	gut – (2,5)
C +	upper third class (3.1)	befriedigend + (2,8)
C	third class (3.2)	befriedigend (3,0)
C –	lower third class (3.3)	befriedigend – (3,5)
D	passed without honours	ausreichend

Wichtig: Die Amerikaner haben eine andere Mentalität, wenn es um Noten geht: Im Resume gibt man nur „A"-Noten aus dem Hochschulzeugnis an. Selten werden auch „B"-Noten erwähnt. Schlechtere Noten werden nicht genannt. Dies gilt analog beim GPA. Dieser sollte immer nur dann in der Bewerbung angegeben werden, wenn er zwischen 3,5 und 4,0 liegt.

Lehre, Ausbildung und Berufsbezeichnungen

Auch die Ausbildung im angloamerikanischen Raum ist nicht mit der deutschen zu vergleichen. Fachliches Können wird in der täglichen Praxis vermittelt, teilweise ohne Prüfungen und Benotungen. Eine Änderung gab es in Großbritannien, dort wurden jetzt NVQs (*National Vocational Qualifications*) als berufsschulähnliche Prüfungen eingeführt. Bewerber mit abgeschlossener Lehre (*apprenticeship*) oder Ausbildung (*training*) sollten deshalb den Ausbildungsverlauf und die Inhalte im Einzelnen darstellen.

Es ist schwierig, adäquate Berufsbezeichnungen für bestimmte Ausbildungsberufe zu finden. Wichtig bei der Übersetzung von Berufsbezeichnungen ist, dass der Bewerber weder zu hoch noch zu tief stapelt, denn in beiden Fällen sinken die Chancen auf einen guten Arbeitsplatz. Ein gutes Beispiel dafür sind die Berufsbezeichnungen Industrie-, Büro- und Einzelhandelskaufmann, die oft missverständlich mit *Office, Retail, Industrial Clerk* übersetzt werden. Dabei ist im Englischen ein *Clerk* in der Regel jemand, der Buchungssätze eingibt oder für generelle Büroarbeit (z. B. Ablage) zuständig ist. Ebenso missverständlich wäre eine Übersetzung als *Office*, *Retail* oder *Industrial Manager*, denn diese Positionsbeschreibung steht für mehr Kompetenzen, als tatsächlich ausgeübt werden, es sei denn, man ist Filialleiter oder hat zumindest einen eigenverantwortlichen Entscheidungsbereich mit Weisungsbefugnis. Eine passendere Übersetzung wäre z. B. *Merchandising, Purchasing* oder *Retail Executive*. Die Position *Executive* beschreibt generell jemanden, der einen eigenen Verantwortungsbereich hat, aber weisungsgebunden unter einem Entscheidungsträger steht. Demgegenüber ist der *Chief Executive Officer* (CEO) der Vorstand einer Kapitalgesellschaft. Im Folgenden finden Sie einige wenige charakteristische Beispiele für englische Berufsbezeichnungen und deren Abkürzungen:

Führungspositionen:

- *Chief Executive* = Vorstand meist im öffentlichen / sozialen Bereich
- *Chief Executive Officer (CEO)* = Geschäftsvorstand einer Kapitalgesellschaft (AG)
- *Managing Director (MD)* = Geschäftsführer, sei es einer Personen- oder Kapitalgesellschaft

Zweite und dritte Führungsebene:

- *Marketing Director* = Leiter einer großen Marketingabteilung mit verschiedenen Unterabteilungen
- *Head of Marketing* = Leiter einer Marketingabteilung
- *Marketing Manager* = Entscheidungsverantwortlicher im Bereich Marketing
- *Chief Financial Officer (CFO)* = Kaufmännischer Geschäftsführer
- *Chief IT Officer (CIO)* = Leiter EDV Rechnungswesen

Weitere Entscheidungsträger:

- *Account Executive* = Kundenberater mit weitem Aufgabenfeld, aber limitiertem Entscheidungsspielraum
- *Key Account Executive* = Schlüssel- / Großkundenbetreuer, verantwortlich für seine Kunden
- *Marketing Executive* = Teilverantwortlicher im Bereich Marketing
- *Sales Executive* = Verkäufer mit eigener eingeschränkter Kompetenz

Angestellte ohne Entscheidungsgewalt:

- *Clerk* = Angestellter mit einfachen Bürotätigkeiten
- *Telesales* = Verkauf im Direktmarketing (meist am Telefon)
- *Personal Assistant to the Managing Director (PA to MD)* = Assistent der Geschäftsführung

Eine umfassende Darstellung englischer bzw. amerikanischer Berufsbezeichnungen bietet das folgende Nachschlagewerk: Oluf F. Konstroffer, *American Job Titles – und was sie bedeuten. Handbuch für Stellensuchende, Personalfachleute und Führungskräfte* (Redline Wirtschaft, 2004).

Der Lebenslauf: Curriculum Vitae (CV) oder Resume

Der CV oder Resume ist Ihre wichtigste Bewerbungsunterlage. Sie sollten sich deshalb beim Verfassen die allergrößte Mühe geben. Es gilt: Pro *Job Target* wird ein eigener CV erstellt, damit das Qualifikationsprofil optimal auf das Anforderungsprofil abgestimmt werden kann. Die bekannte, aus Verkauf und Werbung stammende AIDA-Formel verdeutlicht, worum es geht:

A = *Attention*	(durch interessante und auffällige Unterlagen Aufmerksamkeit erzeugen)
I = *Interest*	(Interesse an Ihrer Person wecken)
D = *Desire*	(den Griff zum Hörer auslösen)
A = *Action*	(Einladung zum Vorstellungsgespräch)

Es geht darum, die Aufmerksamkeit des Lesers bei der ersten Durchsicht der Unterlagen zu wecken. Der entscheidende Faktor ist neben den fachlichen Qualifikationen ein gelungenes Layout. Ein CV sollte deshalb immer am Computer und in tabellarischer Kurzform erstellt werden. Und bitte vergessen Sie das Märchen vom maximal einseitigen CV! Bezüglich der Länge eines englischen Lebenslaufes gibt es keine Regel, jeder sollte sich den Raum nehmen, den er braucht. Auch ein über die üblichen ein bis zwei Seiten Länge hinausgehender CV, der inhaltlich und gestalterisch überzeugt, kann den Weg zum Traumjob ebnen. Bei einem mehrseitigen CV müssen die für die Besetzung der jeweiligen Stelle möglicherweise entscheidenden Kriterien an den Anfang gestellt und mit entsprechender Deutlichkeit präsentiert werden.

Nur so wird das Interesse geweckt und der Personaler liest im zweiten Durchlauf auch die restlichen Seiten mit den detaillierten Informationen zu einzelnen Fähigkeiten und Qualifikationen. Muss nur drei bis vier Sekunden lang nach Schlüsselqualifikationen in Ihrer Bewerbung gesucht werden, kann das schon das Aus für Ihre Unterlagen bedeuten.

Nehmen wir das Beispiel eines Bewerbers im IT-Bereich: Hier bietet es sich an, am Anfang des Lebenslaufes unter einer Rubrik wie *Summary of IT Skills* die fachspezifischen Qualifikationen stichpunktartig aufzuzählen, also in diesem Fall etwa Programmiersprachen und spezielle Hard- und Software-Kenntnisse. Auf den nachfolgenden Seiten kann dann erklärt werden, wo diese Kenntnisse erworben und bereits erfolgreich eingesetzt wurden. Entscheidend ist, dass alle Informationen einen Bezug zur angestrebten Stelle haben. Nur so entsteht das Bild eines konsequenten und zielstrebigen Bewerbers.

Generell gilt: Mit der ersten Seite des Lebenslaufes weckt man die Aufmerksamkeit des Personalers und landet auf dem zweiten Stapel zur weiteren Durchsicht. Bei einem längeren CV ist die Nummerierung der Seiten unerlässlich, denn die Blätter werden nicht geheftet und können schnell durcheinandergeraten. Professionell wirkt es, wenn auf jeder Seite des Lebenslaufes neben der Seitenzahl auch der Name des Bewerbers in der Kopf- oder Fußzeile auftaucht. So kann auch im größten Chaos nichts verloren gehen, und der Personaler ist weniger gestresst.

Noch einmal zurück zu unserer AIDA-Formel. Wie gewinnen Sie einen Personaler für sich, wenn Ihr CV auf dem Stapel „eventuell interessant" landet? Bei der wichtigen und intensiveren zweiten Durchsicht muss nun der zukünftige Arbeitgeber oder der Personalberater durch eine gelungene Darstellung der bisherigen Leistungen und der erworbenen Fähigkeiten, Kenntnisse und Erfahrungen davon überzeugt werden, dass eine Zusammenarbeit von Erfolg gekrönt sein wird. Hier kommt es stark auf Zusammenhänge und Inhalte der einzelnen Tätigkeiten an. Seien Sie bei der Selbstpräsentation möglichst kurz und präzise, aber trotzdem detailliert und informativ. Und berücksichtigen Sie dabei immer, dass der interessierte Arbeitgeber einen anderen Hintergrund hat und nur wenig oder gar nicht mit unserem Ausbildungssystem oder unserer Arbeitsweise vertraut ist. Noch einmal, weil es so wichtig ist: Nebensächlichkeiten und Belangloses gehören nicht in den CV, ebenso wenig Angaben über Eltern, Religionszugehörigkeit oder Grundschulbesuch. In den USA werden Berufserfahrungen, die länger als zehn Jahre zurückliegen, nicht mehr im Resume angegeben, es sei denn, sie stehen direkt mit der angestrebten Position in Verbindung.

In einer englischen Bewerbung werden keine Angaben zur Verfügbarkeit (*availability*) gemacht. Es wird davon ausgegangen, dass der Bewerber die gewünschte Stelle kurzfristig antreten kann, denn sonst hätte er sich gar nicht erst beworben. Interessiert sich ein Arbeitgeber oder ein Arbeitsvermittler für Sie und Sie haben eine lange deutsche Kündigungsfrist zu beachten, dann stellen Sie die Lage klar, betonen Sie aber gleichzeitig die sehr hohe Chance einer gütlichen und schnellen Einigung mit dem derzeitigen Arbeitgeber über eine vorzeitige Entlassung aus dem Arbeitsverhältnis. In der Tat ist eine solche Einigung im Falle einer Kündigung Ihrerseits wahrscheinlich, da ein Arbeitgeber nur wenig Interesse daran hat, einen wenig motivierten Arbeitnehmer weiter zu beschäftigen. Und so zeigt auch die Praxis, dass kaum ein Arbeitgeber nach einem intensiven und gütlich geführten Gespräch dem ausscheidenden Angestellten Steine in den Weg gelegt hat, vorausgesetzt, laufende Projekte und Verpflichtungen werden abgeschlossen und alle Aufgaben ordentlich übergeben.

Sich zu bewerben, vor allem in einer fremden Sprache, ist Schwerstarbeit. Um Fehler zu vermeiden, sollten Sie die Unterlagen regelmäßig Korrektur lesen lassen und sich auch um ein inhaltliches Feedback kümmern. Hierzu bilden Sie am besten eine eigene „Jury", bestehend aus ein oder zwei englisch sprechenden Personen aus Ihrem Bekanntenkreis, die Ihre Unterlagen objektiv und ehrlich bewerten. Gehen Sie zusammen die wichtigsten Punkte durch: die äußere Gestaltung, das Ziel der Bewerbung (*Job Target*, s. u.) und das Bild, das Sie von sich entwerfen.

Lassen Sie die Unterlagen aus der Perspektive eines unter Zeitdruck stehenden Personalers lesen. Wird das Bewerbungsziel innerhalb weniger Sekunden deutlich? Und welche Assoziationen lässt der Lebenslauf entstehen? Herrscht bei Ihnen der Zufall oder planen Sie konsequent und langfristig? Sind Sie offen für Neues oder vorsichtig abwartend? Das Image, das eine Bewerbung vermittelt, ist wichtig, weil es zu Rückschlüssen auf „weiche" Faktoren wie Teamfähigkeit einlädt. Solche Feinheiten können allerdings meist nur von Muttersprachlern erkannt werden. Das Urteil eines *Native Speakers* sollte erfragt und gegebenenfalls bei der Überarbeitung Ihrer Unterlagen berücksichtigt werden.

Formales und Inhaltliches

Im Folgenden finden Sie die formalen Standards, die beim Verfassen eines erfolgreichen CV berücksichtigt werden müssen.

Eigene Adresse

Oben auf einen englischen Lebenslauf gehört, ebenso wie beim Covering Letter, der Name des Bewerbers mit der kompletten Kontaktadresse. Meist wird die Adresse in der Mitte platziert, man kann diese aber auch je nach Geschmack und Übersichtlichkeit links- oder rechtsbündig setzen. Im angelsächsischen Raum wird das Bewerbungsdokument mit „Curriculum Vitae" überschrieben. In einem amerikanischen Resume entfällt dagegen die Überschrift. Hier steht der Briefkopf mit Ihrer Adresse an erster Stelle. Bei der schon vorgestellten amerikanischen DIN-A3-Faltblattmappe steht die erste Seite für die eigene Adresse zur Verfügung.

Die Kontaktadresse ist so zu adressieren, dass der Empfänger durch simples Abschreiben einen Antwortbrief verfassen kann. Ähnliches gilt für die Angabe von Telefon- und Faxnummern: Hier ersetzt das international verbreitete Zeichen „+" die ersten zwei oder drei Zahlen der jeweiligen Landeskennzahl (z. B. wählt man in den USA „01149" für Deutschland, in Irland oder Großbritannien hingegen die „0049"). Die erste Null einer deutschen Städtevorwahl wird bei einem Gespräch aus dem Ausland nicht gewählt. Daraus ergibt sich die folgende Schreibweise für eine Rufnummer in Hamburg: +49 40 3990 3733. Gleiches gilt für die Faxnummer. Auch die E-Mail-Adresse sollte im Briefkopf angegeben werden.

Gewichtung

Anders als für den deutschen Lebenslauf wird für den angloamerikanischen CV eine umgekehrt chronologische Reihenfolge gewählt. Ganz vorne im CV stehen die zeitlich aktuellsten Erfahrungen, Qualifikationen und Abschlüsse, da sie am wichtigsten sind. Danach kommen die etwas älteren und danach weitere, noch ältere Informationen. Folglich wird der Leser eines CV von der Gegenwart in die Vergangenheit des Bewerbers geführt. Diese Darstellungsweise gilt für sämtliche Angaben im CV.

Fotos, Unterschrift, Datumsangabe und Zeugnisse

Bitte verzichten Sie auf das Anheften oder Beilegen eines Fotos sowie die Unterschrift unter einen CV. Auch eine Datumsangabe wird nicht vorgenommen, weil der Empfänger im angloamerikanischen Raum selbstverständlich davon ausgeht, dass alle Angaben auf dem neuesten Stand sind. Schließlich werden CV und Covering Letter nicht in einem Hefter verschickt und es werden, wie schon erwähnt, keinerlei Zeugnisse beigelegt.

Zum Hintergrund der fehlenden Zeugnisse: Es ist im gesamten angloamerikanischen Raum nicht üblich, dass ein Unternehmen ausscheidenden Arbeitnehmern detaillierte Zeugnisse über deren Tätigkeit oder Verantwortlichkeit ausstellt. Dort gibt es das System der Referenzen. Der Arbeitgeber in spe holt bei einem früheren Arbeitgeber, Ausbilder oder auch akademischen Ansprechpartner Auskünfte über die Person des Bewerbers ein. Die Auskünfte werden manchmal per Telefon, aber auch in schriftlicher Form mittels Fragebogen eingeholt. Vor allem bei Stellenbesetzungen, die im unteren und mittleren Bereich der Einkommensskala liegen, wird aus Zeitgründen auf die letztere Variante zurückgegriffen. Bei Führungspositionen werden dagegen weiterführende Auskünfte benötigt. Eine Referenz wird nur nach einem erfolgreich verlaufenen Interview eingeholt, und zwar um letzte Bedenken zu zerstreuen und die Ehrlichkeit, Zuverlässigkeit, Einsatzbereitschaft etc. des Bewerbers noch einmal zu überprüfen. Es kann durchaus vorkommen, dass der Arbeitgeber auch zusätzlich enge Freunde kontaktieren will, um sich ein Bild von der Persönlichkeit des Bewerbers zu machen. Übrigens: Sämtliche Kontaktaufnahmen vonseiten des Unternehmens oder einer Arbeitsvermittlungsagentur sollten mit dem Bewerber abgesprochen sein.

Man kann seine Referenzadressen, die an letzter Stelle im CV angegeben werden, frei wählen – von größtem Interesse sind aus der Sicht des Unternehmens allerdings der aktuelle und die letzten Arbeitgeber. Das vage Versprechen *references available upon request* (oder in modernem Englisch: *on request*) sollte möglichst vermieden werden. Ideale Referenzen für die Bewerbung in den angloamerikanischen Raum sind selbstverständlich aus Gründen der optimalen Kommunikation Arbeitgeber aus ebendiesem Sprachraum, aber auch deutsche Arbeitgeber oder ein deutscher Leumund sollten an der entsprechenden Stelle im CV angegeben werden. Üblich ist es, drei Referenzen anzugeben (z. B. zwei aus der Arbeitswelt und eine aus der Universität / Ausbildung).

Es reichen knappe Angaben: Name, Firmenname, Position, Anschrift und Telefonnummer.

Der zukünftige Arbeitgeber oder Vermittlungsagenturen werden, um die Angaben des Bewerbers zu überprüfen, nur die im CV als Referenz angegebenen Adressen kontaktieren, keine anderen. Alle anderswo gesammelten Erfahrungen oder Qualifikationen bleiben ungeprüft, sodass dieses Referenzsystem dazu einlädt, berufliche Stationen bei Arbeitgebern, die nicht als Referenz genannt sind, entsprechend positiver darzustellen und nicht selten auch im Sinne der Bewerbung zurechtzubiegen, z. B. in Bezug auf Inhalte, Länge oder Verantwortlichkeit. Mit solchen Halbwahrheiten sollten Sie, wie bereits ausgeführt (*Extended Truth*, S. 134), sehr vorsichtig sein.

Die Gliederungspunkte des Lebenslaufes

Der Übersichtlichkeit halber kann und sollte man den CV in einzelne überschriebene Abschnitte gliedern. Dabei finden sich in den unterschiedlichsten Curricula Vitae immer wieder die folgenden grundlegenden Elemente:

- Persönliche Daten = *Personal Details*
- Angestrebte Position = *Job Objective / Career Objective / Job Target*
- Berufliche Erfahrungen = *Work Experience* oder *Employment History*
- Berufliche Erfolge / Leistungen = *Achievements* oder *Accomplishments*
- Ausbildung, Studium, Weiterbildung etc. = *Education and Qualifications*

- Sonstige Kenntnisse und Fähigkeiten = *Skills* oder *Additional Skills*
- Persönliche Interessen, Hobbys = *Hobbies/Interests*
- Referenzen (anstelle der Zeugnisse, s. o.) = *References*

Der CV (Curriculum Vitae) ist, wie gesagt, eine Verkaufsbroschüre: Es ist alles erlaubt, was der Übersichtlichkeit und der Präsentation der eigenen „Ware" dient. So ist die vorliegende Zusammenstellung auch nur exemplarisch und soll Ihnen Anregungen für das Erstellen Ihres individuellen „Prospekts" geben. Die einzelnen Abschnitte können sich miteinander vermischen und auch andere, z. B. detailliertere Überschriften Sinn machen. Aus *Work Experience* kann *Employment History, Marketing* oder *Research Experience* werden, und für *Achievements* kann auch *Accomplishments, Publications* oder *Certifications* stehen. Die meisten Bewerber werden mit dem Grobraster von *Personal Details, Work History, Education, Additional Skills* und *References* zurechtkommen. Im Folgenden finden Sie einige weiterführende Informationen zu den einzelnen Gliederungspunkten:

Unter **Personal Details** versteht man die Angabe der Adresse, Telefon- und Faxnummer etc. sowie des Alters. In den USA werden die persönlichen Daten zumeist im selbst entworfenen Briefkopf aufgeführt, jedoch ohne Angabe des Alters.

Für einige Lebensläufe ist es förderlich, in einer Rubrik **Career Objective** die angestrebte Anstellung zu beschreiben, etwa wenn man Berufseinsteiger ist oder einen Berufswechsel anstrebt. Dies gilt vor allen Dingen dann, wenn sich Kandidaten bei privaten Arbeitsvermittlungsagenturen bewerben, wo sich täglich nicht selten Hunderte von Bewerbungen für verschiedene Aufgaben und Positionen ansammeln. Um hier eine schnelle Orientierung zu ermöglichen, sollte oben auf dem Lebenslauf unter einer Überschrift wie z. B. *Job Target, Job Objective, Objective, Career Target, Career Objective* aufgeführt werden, welcher berufliche Pfad angestrebt wird.

Alternativ kann der gesamte Lebenslauf auch so aufgebaut werden, dass ein bestimmtes Karriereziel klar erkennbar ist. Nachdem die Agentur die Bewerbung erhalten hat, kann die telefonische Bestätigung eingeholt werden, dass man auch wirklich in der richtigen Karriereschublade gelandet ist (vgl. Nachhaken und präsent bleiben, S. 151).

Wählt man die Möglichkeit, ein Berufsziel zu formulieren, sollte die Beschreibung möglichst allgemein gehalten werden, da sich sonst die Chancen auf eine Anstellung allzu sehr verringern.

Unter **Work / Professional / Employment Experience** werden Kenntnisse und Fähigkeiten, die man auf dem freien Arbeitsmarkt oder auch durch die Ausübung von Hobbys bzw. anderen Aktivitäten erworben hat, zusammengefasst. Im angloamerikanischen Raum zählen diese praktischen Erfahrungen insgesamt mehr als Ausbildung und Titel, deshalb ist dieser Abschnitt auch der wichtigste im Lebenslauf. Dem Verfasser eines erfolgreichen CV muss das Kunststück gelingen, dem Leser glaubhaft zu machen, dass er, ausgehend von den in verschiedenen Positionen erworbenen Kenntnissen und Erfahrungen, auch zukünftige Aufgaben und Herausforderungen erfolgreich meistern wird.

Problematisch ist die Einordnung der in der deutschen Lehre oder Ausbildung erworbenen Qualifikation. Man kann diese sowohl unter der Überschrift *Education* als auch unter *Work Experience* darstellen. Wichtig ist allein, dass die vorhandenen Kenntnisse dem Personaler deutlich gemacht werden. Welches die vorteilhafteste Darstellung der eigenen Kenntnisse ist, muss jeder Bewerber selbst entscheiden.

Je nachdem, welche Vorgehensweise für den konkreten CV am meisten Sinn macht, sollte die individuelle Reihenfolge der einzelnen Bausteine vorgenommen werden. Wer beispielsweise direkt nach Beendigung der Ausbildung oder des Studiums eine Position in seinem Fach anstrebt, wird wohl am besten mit *Education* oder auch *Work Experience* eröffnen. Möchte man hingegen eventuell sein Hobby zum Beruf machen, sollte man eher mit Überschriften wie *Skills* oder *Achievements* beginnen und hier die Kenntnisse und Fähigkeiten auflisten, die durch die Ausübung dieses Hobbys erworben wurden. Selbstverständlich kann man im CV auch relevante Erfahrungen auflisten, die man außerhalb der engeren Berufswelt erworben hat. Diese können z. B. unter Überschriften wie *Volunteer Experience* oder *Other Experience* gefasst werden. Egal welchen Aufbau und welche Überschriften Sie wählen, vermeiden Sie Wiederholungen von ähnlichen Erfahrungen und Aufgaben unter verschiedenen Überschriften!

Ganz wichtig sind im angloamerikanischen Raum die **Achievements** oder **Accomplishments**: Darunter fallen Auszeichnungen und Belobigungen, erfolgreich abgeschlossene Verträge, Publikationen, Patente, Mitgliedschaften, kurzum alles, was auf das Engagement und die tiefer gehende Motivation des Kandidaten im Hinblick auf die angestrebte Tätigkeit schließen lässt.

Weiterhin wichtig sind Sprachen (englische Muttersprachler sind in der Regel etwas fremdsprachenfauler) und natürlich IT-Kenntnisse, welche unter die Überschrift *Skills* oder *Additional Skills* fallen können. Nochmals zur Erinnerung: Versetzen Sie sich in die Lage des Arbeitgebers und überlegen Sie, welche Qualifikationen oder persönlichen Fähigkeiten von besonderer Bedeutung für die Ausübung der angestrebten Position sein könnten.

Unter die Überschrift **Education** gehören Schulbildung und gegebenenfalls Ausbildung bzw. Studium (zu den Abschlüssen vgl. S. 134).

Nach der Wahl der aussagekräftigsten Überschrift folgt eine kurze, aber präzise Beschreibung des Aufgaben- und Verantwortungsbereiches. Wie zuvor bereits erwähnt, sollte man bei der Darstellung sehr gewissenhaft vorgehen. Konkrete Angaben sind immer sehr viel sinnvoller als vage Formulierungen, die es generell zu vermeiden gilt. Die erforderlichen Eckdaten sind:

- Zeitraum der Beschäftigung / der Ausbildung / des Studiums
- Stellenbezeichnung
- Name des Arbeitgebers
- Ort
- Verantwortungs- / Aufgabenbereich

Chronologischer versus funktioneller Aufbau des Lebenslaufes

Der strukturelle Aufbau eines CV kann grundsätzlich auf zwei Arten erfolgen. Entweder chronologisch, beginnend mit der letzten Anstellung, oder aber geordnet nach Kenntnissen und Fähigkeiten. Manchmal kann auch eine Mischung der beiden Muster sinnvoll sein.

Ein rein **chronologischer CV** bietet sich für eine stetige und auf ein Ziel ausgerichtete Karriere an. Der Lebenslauf muss lückenlos sein, und es sollte ein „roter Karrierefaden" erkennbar sein. Dieses Vorgehen ist ideal für Kandidaten, die verschiedene Erfahrungen in einer Branche gesammelt haben und beständig bemüht sind, in diesem Bereich auf der Karriereleiter weiter nach oben zu klettern. Bausteine für diese Variante sind:

- *Personal Details* (Name, Adresse, Telefon, E-Mail)
- *Career Objective* (optional)
- *Professional / Work Experience* und *Accomplishments*
  - Von – bis (heute):
    Jobbezeichnung – Arbeitgeber – Ort
    Beschreibung des essenziellen Verantwortungs- und Aufgabenbereichs, Auszeichnungen, Belobigungen, Erreichtes, *Incentives* (Leistungsprämien), Weiterbildungen, Abendkurse etc. Die einzelnen Angaben müssen in direktem Zusammenhang mit der gewünschten Position stehen.
  - Von – bis:
    Jobbezeichnung – Arbeitgeber – Ort
    Kürzere Beschreibung von Aufgaben und Verantwortung, wichtigste Auszeichnungen, Belobigungen, Erreichtes, Weiterbildungen, Abendkurse etc. Wiederum sollte der Zusammenhang mit der gewünschten Position erkennbar sein.
  - Von – bis:
    Jobbezeichnung – Arbeitgeber – Ort
    Kurze Beschreibung von Verantwortung und Aufgaben, die mit der angestrebten Position in Zusammenhang stehen.
  - Von – bis:
    Jobbezeichnung – Arbeitgeber – Ort
    Sehr kurze Beschreibung von Verantwortung / Aufgaben, die für die angestrebte Position relevant sind.
- *Education* (Abschlüsse, Seminare, Kurse, Zertifikate etc.)
- *Hobbies* (Teamsportarten, Kultur etc.)
- *References* (zwei bis drei Unternehmen / Universität, Referenzen mit Jobtitel, Adresse und Telefonnummer des Ansprechpartners)

Der **funktionelle CV** oder *Skills CV* ist nach den in Ausbildung oder Berufsleben erworbenen Fähigkeiten und Kenntnissen geordnet. Gliederungspunkte können Begriffe aus Arbeitsbereichen, Wissensgebieten oder Namen von Produkten (z. B. Software), aber auch andere plakative Überschriften sein. Ein ausschließlich nach Kenntnisgebieten geordneter CV eignet sich besonders für einen Lebenslauf, der große Lücken oder Sprünge aufweist. Aber auch bei Erfahrungen in ganz unterschiedlichen Arbeitsbereichen, für Berufswechsler oder für Bewerber mit nur sehr geringer praktischer Berufserfahrung ist er sinnvoll.

Bei der funktionellen Gliederung sind die einzelnen Fähigkeiten oft schwieriger in einen sinnvollen Zusammenhang zu bringen als bei einem chronologischen Vorgehen. Damit der Leser sich innerhalb weniger Sekunden über das nächste beruflich angestrebte Ziel des Bewerbers im Klaren ist, sollte man hier die Rubrik *Career Objective* oder *Job Target* am Anfang des CV einfügen. Bausteine für einen funktionellen CV wären:

- *Personal Details* (Name, Adresse, Telefon, E-Mail)
- *Desired Job Title / Career Objective*
- *Professional Experience* und *Accomplishments*
  - *1. Top Skill* (für das Berufsziel unabdingbar)
  - *2. Top Skill* (für das Berufsziel unabdingbar)
  - *3. Top Skill* (für das Berufsziel förderlich)
  - *Another Skill* (für das Berufsziel förderlich)
- *Field / Area of Proficiency* (Spezial-, Fachgebiet, in dem die oben erwähnten Kenntnisse erworben wurden)
- Fachliche Erfolge
  - Erfahrung im Umgang mit wichtigen Werkzeugen / Hilfsmitteln / Software / Prozessen / Konditionen
  - Liste von Kursen / Selbststudien etc. (fachliches Wissen)
- *Work History* (nur in Stichpunkten, Zeitraum, Jobbezeichnung, Arbeitgeber und Ort)
- *Education* (Abschlüsse, Seminare, Trainings, Zertifikate etc.)
- *Hobbies* (Teamsportarten, Kultur, Gesundheit etc.)
- *References* (zwei bis drei Referenzen mit Angabe von Unternehmen / Universität mit Jobbezeichnung, Adresse und Telefonnummer des Ansprechpartners)

Selbstverständlich können auch chronologische und funktionelle Gliederungspunkte kombiniert werden. Hier ist allerdings die Gefahr sehr groß, dass der CV / Resume unübersichtlich wird. Bitte achten Sie darauf, dass sich die einzelnen Fähigkeiten in den unterschiedlichen Abschnitten nicht wiederholen.

Im Folgenden finden Sie eine Auflistung von wichtigen Aktionsverben, mit denen man berufliche und andere relevante Tätigkeiten im englischsprachigen Lebenslauf beschreiben kann. Einige Beispiele zeigen Ihnen, wie man diese Verben einsetzen kann.

Aktionsverben für den Lebenslauf

to accelerate (beschleunigen, erhöhen, zunehmen)	I accelerated the growth of the company's net profit margin by 20%
to accomplish (schaffen, erreichen, vollenden)	I accomplished a deal of around 1 million euro with Deutz Mannesmann
to achieve (erreichen, schaffen, leisten)	I frequently achieved the sales figures set by my department
to administer (verwalten, regeln, ausführen)	It was my task to administer the budgets for the IT department
to advise (beraten, empfehlen)	I was responsible for advising the CEO in all IT matters
to allocate (zuordnen/vergeben, verteilen, zuweisen)	I was responsible for allocating expenditure codes for all departments
to appoint (einstellen)	I was appointed as customer services assistant
to approve (billigen, gutheißen, annehmen)	The budget I had worked out was approved by the senior management team
to arrange (ordnen, regeln, vereinbaren)	As secretary my job was to arrange all meetings with other staff and external contacts
to assist (assistieren, helfen)	I assisted in all aspects of production

to calculate (kalkulieren, schätzen, berechnen)	I calculated the annual travel costs for members of the sales department
to delegate (delegieren, jemanden beauftragen etwas zu tun)	While my manager was on holiday she delegated all managerial responsibilities to me
to demonstrate (demonstrieren, beweisen, zeigen)	I frequently demonstrated new products in our department stores
to design (entwerfen)	I designed the materials for the company's new campaign
to organise/organize (amerikanisch)	I organised the distribution of company leaflets to all major supermarkets

Weitere Aktionsverben, die der Einfachheit halber bereits in der Vergangenheitsform stehen:

acquired
acted
adapted
addressed
adjusted
analysed
answered
applied
articulated
assembled
assigned
attended
audited
balanced
boosted
broadened
certified
charted
clarified
coached
collected
communicated
compared
compiled
completed
complied
composed
conducted
consolidated
constructed
consulted
contained
contracted
contributed
controlled
coordinated
created
cut
decided
deciphered
decoded
decreased
delivered
detected
determined
developed
devised
diagnosed
directed
discovered
doubled
economised
edited
educated
eliminated
employed
enabled
engineered
enlarged
enlisted
established
evaluated
examined
exceeded
excelled
executed
expanded
expedited
explained
extracted
facilitated
familiarised
filed
financed
fixed
focused
followed up
formalised
formulated
forwarded
founded
gained
generated
governed
guided
harmonised
headed
helped
hired
identified
illustrated
implemented
improved
increased
influenced
informed
initiated
inspected
inspired
installed
instructed
integrated
interpreted
interviewed
introduced
invented
joined
launched
lectured
led
liaised
listened
loaded
maintained
managed
marketed
mastered
measured
mediated
merged
met
ministered
moderated
modified
monitored
multiplied
navigated
negotiated
nursed
obtained
opened
operated
ordered
originated
overhauled
performed
persuaded
planned
predicted
prepared
prescribed
presented
produced
programmed
projected
promoted
provided
published
purchased
quadrupled
reclaimed
recommended
reconstructed
recorded
recreated
recruited
recycled
redecorated
redesigned
reduced
regulated
rehabilitated
released
relocated
remodelled
renewed
rented
reorganised
repaired
replaced
reported
represented
researched
resolved
responded
restored
restructured
retained
reviewed
revised
saved
scheduled
screened
sculptured
secured
selected
served
set
shaped
simplified
sold
solicited
solved
specified
standardised
started
stimulated
streamlined
strengthened
studied
subcontracted
submitted
succeeded
summarised
supervised
supplemented
supplied
surveyed
systemised
taught
terminated
tested
traced
tracked
trained
transferred
translated
travelled
tripled
typed
unified
upgraded
validated
won
worked
wrote

Das Anschreiben: Covering Letter oder Cover Letter

Das Anschreiben wird für jede angestrebte Position individuell angefertigt. Allen, die bei dieser Vorstellung einen Schreck bekommen, sei gesagt: Es gibt Möglichkeiten, ein Anschreiben kurz und einfach zu halten und trotzdem kompetent zu wirken. Damit entfällt ein großes Hindernis für viele, deren gesprochenes Englisch und Hörverständnis sehr gut sind, die aber Probleme mit dem Schreiben haben und denen es davor graust, einen zusammenhängenden Text in vollendetem Englisch zu formulieren.

Voraussetzung für ein **kurzes Anschreiben** ist der vorherige persönliche Kontakt mit dem richtigen Ansprechpartner bzw. Entscheidungsträger, nicht der Sekretärin. Während eines telefonischen Sondierungsgesprächs, bei dem der Gesprächspartner sein (echtes!) Interesse an der Bewerbung äußert, kann der Bewerber nebenbei fragen, ob es möglich ist, den CV kurz als E-Mail zu schicken oder zu faxen.
Das Verschicken der Bewerbungsunterlagen per E-Mail (siehe S. 149) kann mit einem sehr kurzen Anschreiben erfolgen. Hier wird die Eingabemaske im ASCII-Textformat (American Standard Code for Information Interchange) für ein kurzes Anschreiben benutzt und der CV als angehängte Datei (Attachment) mitgeschickt.

Schlüsselqualifikationen können eventuell kurz mit Aufzählungszeichen dargestellt werden. Parallel zur Versendung der Unterlagen per E-Mail oder Fax werden die Unterlagen mit der Post verschickt. Eine Bezugnahme auf die bereits gesendeten Unterlagen und auf den Gesprächspartner sollte eingefügt sein.

Bei Interesse an der Person wird sich der Personalentscheider mit dieser Form der Bewerbung einverstanden erklären. Wichtig ist, neben allen Formalien, dass dem Ansprechpartner die E-Mail oder das Fax dann auch innerhalb weniger Stunden vorliegt. Schickt man seinen CV erst am nächsten Tag oder noch später, dann war der erste Kontakt umsonst. Der Adressat könnte das Gespräch bereits vergessen haben und muss sich erst mühsam erinnern. Solche E-Mail- oder Fax-Bewerbungen sind insbesondere bei privaten Arbeitsvermittlungsagenturen gängige Praxis. Wenn möglich, lassen Sie sich den Namen Ihres Ansprechpartners immer buchstabieren. Englische Namen werden oft anders geschrieben, als sie sich anhören.

Nach diesen allgemeinen Hinweisen möchten wir Ihnen zeigen, welche Regeln beim Verfassen des Covering Letter zu beachten sind. Da man im englischsprachigen Raum nicht so viel Regelungsbedarf beim Schriftverkehr sieht, gestaltet sich das Layout etwas freier als bei uns, wo – wie könnte es anders sein – auch die Geschäftskorrespondenz einer einheitlichen Regelung unterliegt. Ganz wichtig ist allerdings auch für die englische Bewerbung, dass die Länge des Anschreibens eine Seite nicht überschreiten darf. Gehen wir im Einzelnen von oben nach unten vor:

Die eigene Adresse

An erster Stelle sollte auf dem Covering Letter die eigene, vollständige Adresse (mit Telefonnummer, E-Mail, ggf. Handynummer und Faxnummer etc.) links oder rechts oben erscheinen. Dies erübrigt sich natürlich, wenn Sie unserem Vorschlag gefolgt sind und einen eigenen Briefkopf entworfen haben.

Übrigens: Für unsere Augen ungewohnt, aber im angloamerikanischen Raum durchaus üblich, muss Ihr Name in der Absenderzeile nicht unbedingt genannt werden, denn er soll in jedem Fall noch einmal ausgedruckt unter Ihrer Unterschrift auftauchen.

Das Datum

Die genaue Position des Datums ist nicht fest vorgeschrieben. Sie können das Datum nach Ihrer Anschrift einfügen und es je nach Geschmack und Dokumentaufbau rechts- oder linksbündig platzieren. Die korrekte Schreibweise für Großbritannien ist Tag / Monat / Jahr, also z. B. 2 January 2012, während in den USA die Regel Monat / Tag / Jahr gilt, also January 2, 2012, wobei das Jahr mit einem Komma abgetrennt wird. Man kann auch auf die etwas veraltete Schreibweise 2nd January 2012 bzw. January 2nd, 2012 zurückgreifen. Der Ort der Absendung wird jedoch weder im angelsächsischen noch im amerikanischen Raum erwähnt.

Adressat des Anschreibens

Jetzt folgt der korrekt geschriebene Name des Adressaten Ihrer Bewerbung und die Postadresse des Unternehmens.

Die Anrede

Unter dem Block mit Adressen- und Datumsangaben wird nun die Anrede des Briefpartners platziert. Wir haben an anderer Stelle schon erwähnt, wie wichtig es ist, im englischsprachigen Raum einen konkreten Ansprechpartner beim Namen nennen zu können. Das klassische deutsche ‚Sehr geehrte Damen und Herren' in der übersetzten Ausformung ‚Dear Sir or Madam' in einem Covering Letter zu bemühen ist unüblich, da ein Personaler im angloamerikanischen Raum in diesem Fall davon ausgeht, dass es sich um einen wenig motivierten Bewerber handelt, der sich noch nicht einmal die Mühe gemacht hat, den richtigen Ansprechpartner zu ermitteln. Ein weiterer Nachteil: Fehlt die richtige Kontaktperson, dann fühlt sich insbesondere bei Initiativbewerbungen auch niemand zuständig, und die Unterlagen landen oft im Papierkorb.

Zur persönlichen Anrede: Im angloamerikanischen Raum werden bei der schriftlichen Korrespondenz in der Anrede zumeist nur Abkürzungen verwendet: ‚Mr', ‚Mrs' und ‚Ms'. Wenn Sie nicht sicher sind, ob Sie ‚Mrs' oder ‚Ms' verwenden sollen, empfehlen wir ‚Ms'. Im britischen, asiatischen und australischen Raum werden die Abkürzungen ‚Mr', ‚Mrs' und ‚Ms' ohne, in den USA mit Punkt geschrieben. Diese Feinheiten sind jedoch wenig relevant, so trifft man auch in Großbritannien auf die Variante mit einem Punkt nach den Abkürzungen: ‚Mr.', ‚Mrs.' und ‚Ms.'. Nun können Sie, müssen aber nicht, ein Komma setzen und dann in jedem Fall den ersten Satz Ihres Textes mit einem Großbuchstaben beginnen. In den USA gibt es wiederum eine andere Regelung, hier wird die Anrede in Geschäftbriefen generell mit einem Doppelpunkt abgeschlossen und danach geht es mit einem Großbuchstaben weiter. In privaten Briefen wird hingegen die oben genannte Kommaregelung angewendet.

Die Betreffzeile

Auch im angloamerikanischen Raum wird in der Regel eine Betreffzeile verwendet, sie ist allerdings kein „Muss". Wie im Deutschen bezieht man sich bei der Betreffzeile auf die ausgeschriebene Stelle, auf ein Telefonat etc. Anders als bei deutschsprachigen Geschäftsbriefen wird der Betreff nach der Anrede platziert und durch Fettschreibung oder Unterstreichung hervorgehoben. Am Anfang dieser Zeile steht „RE:" (*with reference to*). Es ist auch möglich, den Grund des Schreibens in einem einleitenden Satz zu erwähnen, wie z. B.: „Referring to our recent telephone conversation I am sending you my application for the position …"

Der Bewerbungstext

Nun folgt Ihr frei formulierter und ausgeschriebener „Bewerbungstext", mit dem Sie auf Ihre Person und Ihre Fähigkeiten aufmerksam machen wollen.

Bei der Bewerbung auf ein Stellenangebot aus der Zeitung oder dem Internet geht man im Covering Letter ähnlich vor wie im deutschen Bewerbungsanschreiben. Nach einem einleitenden Satz geht es zunächst darum, mit wenigen Worten zu beschreiben, warum man für die ausgeschriebene Stelle geeignet ist und sich gerade für diese Stelle interessiert.

Am sinnvollsten ist es, auf das Qualifikationsprofil der Stellenanzeige im Covering Letter Punkt für Punkt einzugehen. Hier bietet sich z. B. eine stichpunktartige Aufzählung an. Verlangt das Unternehmen beispielsweise:

"A graduate, you should have at least 1 year's solid marketing experience under your belt and awareness of the financial services industry. You are already a confident communicator who is creative, logical and practical. As well as being highly analytical and good with figures, you should have a good level of PC literacy",

... dann könnte man diese Anforderungen wie folgt „abarbeiten":

- MBA ("Diplom in Betriebswirtschaftslehre")
- two years' experience as a marketing executive at the Deutsche Bank / Frankfurt
- responsible for a budget of 300,000 euro / year
- very good level of PC literacy

Denkbar ist aber auch jedes andere Vorgehen, solange es dem Verantwortlichen in kürzester Zeit klar macht, dass alle geforderten Qualifikationen vorhanden sind, um die ausgeschriebene Position erfolgreich zu bekleiden. (Bitte auch „weiche" Faktoren wie Teamgeist, Kommunikationsfähigkeit etc. nicht vergessen.) Wiederum gilt: Je wichtiger Kreativität für die Anstellung ist, desto ausgefallener kann der Covering Letter gestaltet sein. Wie bereits dargestellt, sollte er zwar informativ, aber dennoch kurz und übersichtlich sein. Insbesondere bei Bewerbungen über eine Arbeitsvermittlung sollten die Schlüsselqualifikationen kurz und prägnant dargestellt werden, denn in der Regel hat der Covering Letter bei der Stellensuche über eine Agentur eine geringere Bedeutung als bei einer Bewerbung auf das direkte Stellenangebot eines Unternehmens.

Nach der Darstellung der eigenen Qualifikation können, am besten in knappen Worten, die eigene Motivation und das Interesse an dieser speziellen Position dargelegt werden. Dabei sind im Vorfeld über das Unternehmen eingeholte Informationen hilfreich. Beispiel:

"The marketing strategy of Nationwide is known for its creative and innovative methods and I would like to contribute to the success of the marketing department of your building society. I was especially impressed with your recent marketing campaign and TV adverts which did so well, helping you to increase your turnover by 30 %. For the last three years I have been working for Werbewirtschaft Deutschland, a well-known advertising agency in Hamburg. As an account executive I was responsible for the campaign for the LBS (German building society), Hamburger Abendblatt (Famous german newspaper), Sixt (Car rentals) and Mercedes ..."

Die Verabschiedung

Schließlich müssen Sie sich nur noch verabschieden und sich den Schweiß von der Stirn trocknen. Sie haben Ihr Gegenüber wie verlangt mit dem Namen angesprochen und verabschieden sich nun formvollendet mit „Yours sincerely" – ohne Komma. Danach folgt Ihre Unterschrift und deren gedruckte Wiederholung. Im angelsächsischen Raum verabschiedet man sich bei unbestimmten Anreden wie „Dear Sir / Madam" mit „Yours faithfully", welches ebenfalls „Mit freundlichen Grüßen" heißt. In den USA und dem Rest der englischsprachigen Welt benutzt man aber auch im Falle einer unbestimmten Anrede unbedingt „Sincerely", nicht „Yours faithfully". Darüber hinaus sind auch andere Verabschiedungen gebräuchlich, so schreibt man anstelle von „Yours sincerely" einfach nur „Sincerely" oder in den USA „Sincerely yours". Bitte schließen Sie den Covering Letter nicht mit „Kind regards" ab. Diese Verabschiedung klingt zu salopp.

Anlagen

Jetzt sollten Sie noch schnell mit *Enc.* (*Enclosure*) oder *Encs.* (*Enclosures*) erwähnen, dass eine – Ihr CV – oder auch mehrere Anlagen beigefügt sind. Die Dokumente werden nicht im Einzelnen aufgeführt.

Formulierungshilfen zum Erstellen eigener Covering Letters

Opening Phrases

I have read your advertisement in The Guardian and would like to apply for the position of International Sales Executive.	Ich habe Ihre Anzeige im Guardian gelesen und möchte mich hiermit auf die Stelle als internationaler Verkäufer bewerben.
I am replying to your advertisement in the Evening Standard where you are looking for a 'Native German Speaking Marketing Expert'.	Ich beziehe mich auf Ihre Stellenanzeige im Evening Standard, in der Sie einen deutschen Marketing-Experten suchen.
Referring to our recent telephone conversation I would like to apply for a work placement (internship position) within your organisation.	Bezug nehmend auf unser kürzliches Telefonat, möchte ich mich bei Ihrer Organisation um einen Praktikumsplatz bewerben.
I am writing to enquire whether you might have a vacancy for an electronic engineer within your plant. I saw a Market Research position advertised on your website and would like to submit my resume for consideration.	Ich wende mich an Sie, um zu erfragen, ob eine Stelle als Elektroingenieur in Ihrem Betrieb frei ist. Ich habe auf Ihrer Homepage eine freie Position im Bereich Marktforschung gesehen und schicke Ihnen hiermit meinen Lebenslauf zur Durchsicht.
The article in Marketing Week 10/12 about your firm was very impressive and I would be very interested in working for your company …	Der Artikel in der Marketing Week 10/12 über Ihre Firma war sehr beeindruckend und hat in mir ein starkes Interesse geweckt, für Sie zu arbeiten …
As an international IT consultant specialising in SAP ERP HR and Basis I have worked in several countries already gaining valuable experience in various work situations. I wonder whether you have any suitable and challenging projects within your company.	Als international tätiger EDV-Berater, spezialisiert in SAP ERP HR und Basis, konnte ich wertvolle Berufserfahrung in mehreren Ländern und Branchen sammeln. Ich wende mich an Sie, um zu erfragen, ob Sie möglicherweise passende und herausfordernde Projekte in Ihrem Unternehmen haben.
I am aware that you are always looking for skilled programmers and since I have several years' experience in programming with C and C++ I believe I could be a valuable member of your team contributing to the success of your organisation.	Im Wissen, dass Sie permanent nach fähigen Programmierern suchen, und da ich über mehrere Jahre Erfahrung im Programmieren von C und C++ verfüge, bin ich überzeugt, dass ich als nützliches Mitglied in Ihrem Team einen Beitrag zum Erfolg Ihres Unternehmens leisten könnte.

Middle Phrases

During several internships I gained valuable experience in a number of fields such as • advertising • market research • marketing etc.	Im Rahmen verschiedener Praktika konnte ich wertvolle Erfahrungen in unterschiedlichen Bereichen sammeln, wie z. B.: • Werbung • Marktforschung • Marketing
I will be finishing my studies next month with a Master of Science and as my main interests are based in market research, I would like to apply for a position as executive assistant or similar within your firm.	Da ich nächsten Monat mein Studium mit Master of Science beenden werde und mein Schwerpunktinteresse im Bereich Marktforschung liegt, möchte ich mich um eine Position als Assistent eines Entscheidungsträgers o. Ä. in Ihrer Firma bewerben.

I studied medicine in Germany and did my practical year in Saudi Arabia. I specialise in radiology. Your hospital has a very good reputation in this field and since I would like to deepen my knowledge and skills I am enclosing my application for this position. You will see that I have already worked as a research assistant at the Max Planck Institute in Bonn and ...	Ich habe Medizin in Deutschland studiert und mein praktisches Jahr in Saudi-Arabien absolviert. Mein Spezialgebiet ist die Radiologie. Ihr Krankenhaus hat auf diesem Gebiet einen exzellenten Ruf, und da es mein Interesse ist, meine Fähigkeiten zu vertiefen, möchte ich mich bei Ihnen bewerben. Wie Sie meinem Lebenslauf entnehmen können, habe ich schon als Forschungsassistent im Max-Planck-Institut in Bonn gearbeitet und ...
I recently finished a three-year training course to become a professional plumber. Training was monitored and final exams were set by the German Chamber of Industry and Commerce. I passed the final exams with an 'A' and I am familiar with all kinds of problems occurring in this business. Besides a large amount of theoretical knowledge I have been working in the business for the last three years, sometimes supervised but most of the time solely responsible for my own work. I would be happy to present some of the skills I gained. Please find my resume attached for your consideration ...	Kürzlich habe ich meine dreijährige Lehre zum Klempner erfolgreich beendet. Die Lehre wurde von der Industrie- und Handelskammer betreut und diese hat auch die Abschlussprüfung durchgeführt. Ich habe die Abschlussprüfung mit ‚Sehr gut' bestanden und bin vertraut mit allen in der Branche auftauchenden Problemen. Neben einem umfangreichen theoretischen Wissen habe ich in den letzten drei Jahren als Klempner gearbeitet, manchmal unter Beaufsichtigung, aber zumeist eigenverantwortlich. Ich würde mich freuen, Ihnen meine Fähigkeiten präsentieren zu können. Beiliegend finden Sie meinen Lebenslauf zur Durchsicht.

Closing Phrases

As I am in London next week I will contact you on Friday morning to arrange a meeting if possible. Please call or e-mail me if you have any questions. I am looking forward to speaking to you soon.	Da ich nächste Woche in London sein werde, rufe ich Sie Freitagmorgen an, um falls möglich einen persönlichen Termin mit Ihnen zu vereinbaren. Bitte kontaktieren Sie mich telefonisch oder per E-Mail, falls Fragen gleich welcher Art auftauchen. Ich freue mich auf ein Gespräch mit Ihnen.
I am confident that my knowledge and abilities would be of great value to your organisation. I would like to request a few minutes of your time to discuss my qualifications. I will contact you on Wednesday to arrange a meeting. If you have any questions in the meantime, please do not hesitate to call.	Ich bin sicher, dass mein Wissen und meine Fähigkeiten für Ihr Unternehmen von großem Nutzen sein können. Gerne würde ich einige Minuten Ihrer wertvollen Zeit in Anspruch nehmen, um über meine Qualifikationen zu sprechen. Zu diesem Zweck werde ich Sie am Mittwoch anrufen und einen Termin vereinbaren. Für zwischenzeitliche Fragen stehe ich jederzeit zur Verfügung.
I would be very happy to discuss further questions in a personal interview. Thank you very much for your interest and consideration. Yours sincerely Anja Schoenbach	Ich würde mich sehr freuen, weitere Fragen in einem persönlichen Gespräch zu klären. Vielen Dank für Ihr Interesse und die Berücksichtigung meiner Bewerbung. Mit freundlichen Grüßen Anja Schoenbach

Das Verschicken der Unterlagen

Da man sich im gesamten englischsprachigen Raum nicht mit einer Mappe, sondern in der Regel nur mit einem CV / Resume bewirbt, ist das Verschicken der Unterlagen wesentlich einfacher und auch kostengünstiger als bei uns. Es ist dort nicht üblich, Bewerbungsunterlagen wieder an den Absender zurückzuschicken. Die Unterlagen landen nach der Begutachtung entweder im Papierkorb oder werden archiviert. Wie bereits dargestellt, ist es heutzutage üblich, Bewerbungen per E-Mail zu versenden. Bei wichtigen Bewerbungen kann oder besser sollte man seine Unterlagen parallel auch noch per Post verschicken, denn eine gut gestaltete Bewerbung auf Papier ist die ansprechendere und optisch überzeugendere Präsentationsform. Hier ist der kreative Spielraum durch die Wahl des Papiers oder des Layouts am größten. Folglich sollte man sich auf attraktive Stellenangebote, bei denen man mit einer Vielzahl von Mitbewerbern rechnen muss, wie oben schon dargestellt, parallel per Postweg bewerben. Dieses parallele Vorgehen bietet sich auch deshalb an, weil man zweimal nachfragen kann, ob die Unterlagen angekommen sind. Sie bleiben so präsent und zeigen Motivation. Das konkrete Vorgehen sollten Sie bei jeder Bewerbung abwägen.

Tipp: Für diverse Anstellungen kann es von Vorteil sein, aus dem Ausland zu kommen, denn dies weckt unter Umständen das Interesse des Personalers. Oftmals ist es aber auch hinderlich für die Jobsuche. An dieser Stelle noch einmal der schon oben beschriebene Tipp, damit Sie nicht gleich in der Kategorie „Exotischer Ausländer' und damit im Papierkorb landen: Falls es Ihnen möglich ist, bemühen Sie sich um eine lokale Adresse bei Freunden oder Verwandten und geben Sie diese in der Bewerbung an. Unglaubwürdig wird ein solches Vorgehen, wenn der Personaler die Unterlagen mit deutscher Briefmarke oder Telefon- und Faxnummer auf den Tisch bekommt.

Per Post

CV und Covering Letter (auch die US-Variante mit der kleinen Mappe) werden einfach gefaltet in einen C5-Umschlag oder ungefaltet in einen C4-Umschlag gesteckt. Dieser muss natürlich ausreichend frankiert sein. Solange der Brief nicht zu dick wird (eine Seite Anschreiben und max. zwei Seiten Lebenslauf), kann die Bewerbung in einem C6-(1/3 DIN-A3)-Umschlag versandt werden.

Die Empfängeradresse sollte sehr ordentlich per Hand oder noch besser mit dem Drucker auf den Briefumschlag geschrieben werden, und denken Sie auch an die Länderangabe. Noch schöner und repräsentativer kann es aussehen, wenn man eigenes Briefpapier mit Briefkopf und Absenderzeile in einem Umschlag mit Fenster verschickt. Briefumschlag und Papier müssen zusammenpassen und von guter Qualität sein. Bunte und schöne deutsche Sondermarken lenken die Aufmerksamkeit des Empfängers auf den Umschlag.

Beim Versenden von Blind- oder Initiativbewerbungen kann man mit dem Zusatz „Confidential" (persönlich) auf dem Briefumschlag die Wahrscheinlichkeit erhöhen, dass die Bewerbung auch wirklich auf dem Schreibtisch des Personalverantwortlichen landet.

Per E-Mail

Grundsätzlich gibt es zwei Möglichkeiten, seine Bewerbung per E-Mail zu verschicken.

Entweder in der E-Mail selbst, also als ASCII-Text, oder als eigene Datei an die E-Mail angehängt (Attachment). Der Vorteil des ersten Verfahrens liegt darin, dass jeder Empfänger unabhängig von benutzten Programmen und Software die Unterlagen lesen kann. Leider hat man bei diesem Verfahren nur einen geringen gestalterischen Spielraum und die Bewerbung wird einfach zu unübersichtlich, sodass sich dieses Verfahren nicht durchgesetzt hat. Hier ist die E-Mail mit Attachment im Vorteil. Es gibt eine klare Trennung von Anschreiben und Lebenslauf und das frühere Problem von langsamen Internetverbindungen gibt es schon lange nicht mehr.

Die E-Mail sollte immer an die persönliche Adresse des Personalbearbeiters gerichtet sein oder, falls nicht vorhanden, an die E-Mail-Adresse der Abteilung. Es ist, speziell bei großen Unternehmen, unbedingt zu vermeiden, die E-Mail an eine allgemeine E-Mail-Adresse zu schicken. Es müsste schon ein Wunder geschehen, damit die Bewerbung doch noch den richtigen Adressaten erreicht.

Um die E-Mail-Adressen der Ansprechpartner in größeren Unternehmen herauszufinden, stehen Ihnen verschiedene Suchmaschinen zur Verfügung:

- WhoWhere People Finder
  www.whowhere.com
- Internet Address Finder
  www.iaf.net
- Yahoo! People Search
  www.people.yahoo.com

Die E-Mail sollte auf jeden Fall in der Subject- oder Betreffzeile eine eindeutige Beschreibung Ihres Anliegens sowie den Namen des Ansprechpartners enthalten. Beispiel:

> "Job application – Internal Sales Representative – Ms Molly Roberts"

Den Aufbau der Bewerbungs-E-Mail haben wir schon intensiv weiter vorne im Kapitel Covering Letter dargestellt. Nach einer persönlichen Anrede folgt eine kurze und knappe Darstellung des Anliegens und der Person des Bewerbers. Dieser Abschnitt entspricht dem Covering Letter und sollte auf jeden Fall als ASCII-Text innerhalb der E-Mail geschrieben werden. Dieser dem Anschreiben entsprechende Teil muss den Personaler neugierig machen, den der E-Mail als Attachment angehängten CV zu öffnen und durchzulesen. Die eigene Adresse mit Telefonnummer und E-Mail-Adresse muss im Anschreiben und auch im CV angegeben werden, dabei kann man diese Daten, im Gegensatz zum Bewerbungsschreiben, am Anfang oder am Ende platzieren. Eine eigene Homepage sollte selbstverständlich in der E-Mail erwähnt werden, dies entbindet Sie aber nicht von der Pflicht, ein kurzes und deutliches Profil Ihrer Person zu erstellen.
Bezüglich des angehängten Dokuments ist es ratsam bei einem Sondierungsgespräch zu erfragen, welches Dateiformat erwünscht ist. Dies ist ein recht geschickter Aufhänger für ein kurzes Sondierungsgespräch. Meist wird das PDF-Format bevorzugt.

Bitte scannen Sie kein Foto ein und sorgen Sie dafür, dass das gesamte Attachment nicht wesentlich größer als 200 – 400 Kilobyte ist. Verschicken Sie das Dokument unkomprimiert.

Per Fax

Die Bewerbung per Fax wurde heute weitgehend durch die Bewerbung per E-Mail abgelöst, kann aber immer noch bei privaten Arbeitsvermittlern und in Branchen verwendet werden, in denen ein potenzieller Mangel an Kandidaten herrscht, wie z. B. weltweit in den Bereichen IT / EDV oder in England und Irland an deutschsprachigem Verkaufspersonal, Übersetzern oder Supportangestellten. Soll es schnell gehen oder interessiert sich ein Personaler spontan für einen Kandidaten, so kann man schon bei einem Sondierungstelefonat aufgefordert werden, die Unterlagen zuzufaxen. Sie können in diesem Fall eine Standard-Faxvorlage als Covering Letter benutzen (Beispiel S. 102). Darauf notieren Sie bitte den Ansprechpartner, zu dessen Händen die Unterlagen weitergeleitet werden sollen, das Datum und die Anzahl der folgenden Seiten. Da die Qualität von gefaxten Unterlagen häufig sehr zu wünschen übrig lässt, sollten die Bewerbungsunterlagen parallel zum Fax auch per Post verschickt werden.

Bei alten Faxgeräten sollte man unbedingt darauf achten, dass jedes Blatt einzeln eingelegt wird. Auf diese Weise können Fehler beim Empfang vermieden werden, wie z. B. falsche Seitenumbrüche oder die berüchtigte Endlos-Message.

Nachhaken und präsent bleiben

Im angloamerikanischen Raum muss man nach dem Verschicken der Unterlagen unbedingt präsent bleiben. Damit bezeugt man Motivation und Professionalität. Bei einem Telefonat, das spätestens drei oder vier Tage nach Versendung der Bewerbungsunterlagen stattfindet, sollte nachgefragt werden, ob die Unterlagen auch wirklich angekommen sind, ob eventuell noch Unklarheiten bestehen oder noch weitere Informationen vonnöten sind, wo man als Bewerber steht, wie die Chancen aussehen etc. Ohne das Sondierungstelefonat und das Nachhaken sind die Chancen, einen interessanten Arbeitsplatz im Ausland zu bekommen, fast gleich null. Dies gilt speziell dann, wenn mit inländischer Konkurrenz zu rechnen ist.

Auf dieses wichtige Telefonat sollten Sie sich gut vorbereiten. Sprechen Sie nicht zu aufdringlich, aber auch nicht unterwürfig, nicht zu laut, aber auch nicht mit zu leiser Stimme. Es lohnt sich, das Gespräch schriftlich vorzubereiten und mit Freunden durchzuspielen, um im entscheidenden Moment nicht allzu sehr ins Stocken zu geraten. Kleine sprachliche Probleme und Patzer werden gerne verziehen – größere Pausen, in denen man um Worte ringt, sind jedoch sehr unerfreulich, denn auch englischsprachige Entscheidungsträger haben nur sehr selten Zeit und Geduld, einem stockenden Gespräch zu folgen.

Achten Sie auf die Stimmung am anderen Ende der Leitung. Bei einem gereizten „Yes“ nach der Vorstellung ("My name is ...") sollte man einem negativen, aufdringlichen Eindruck vorbeugen und schnellstens die Frage stellen, ob der Anruf ungelegen kommt.

Bekommt man Zeit, sein Anliegen vorzutragen, dann sollte dies schnell und präzise passieren. Jetzt zeigt sich, wie gut die Vorbereitung war.

Am Ende unseres Ratgebers angekommen, wünschen wir Ihnen nun ganz viel Erfolg in dieser herausfordernden Bewerbungsphase!

Wichtige Adressen und weiterführende Literatur

Internetadressen

Deutsche Webadressen

- Die Zeit – Stellenmarkt: *www.jobs.zeit.de*
- Jobs & Adverts: *www.jobpilot.de*
- Stepstone: *www.stepstone.de*

Großbritannien

- Guardian: *www.jobs.guardian.co.uk*
- JobServe: *www.jobserve.com*
- Planet Recruit: *www.planetrecruit.co.uk*
- Careersoft: *www.careersoft.co.uk*
- UK Directory: *www.ukdirectory.co.uk*

Irland

- The Irish Times Recruitment: *www.irishtimes.com/jobs/*

USA

- Careerbuilder: *www.careerbuilder.com*
- Collegemonster: *www.college.monster.com*
- Jobcircle: *www.jobcircle.com*

Kanada

- Canada Wide: *www.canada-wide.ca*
- The Canadian Employment Search Network: *www.canjobs.com*
- Monster: *english.monster.ca*

Australien und Neuseeland

- Live in Australia.com: *www.liveinaustralia.com*
- Seek: *www.seek.com.au und www.seek.co.nz*
- Career One: *www.careerone.com.au*

Literatur

- Klaus Schürmann / Suzanne Mullins: *Weltweit bewerben auf Englisch*. Stark Verlag 2010.